Following
Insects 2

追随昆虫2

暗夜舞台与
迷雾中的推理

杨小峰◎著

商务印书馆
创于1897
The Commercial Press

如果可以选择，我希望生活在19世纪末的普罗旺斯。当我是个小孩的时候，可以整天跟在一位老人的身后，借自己明亮的眼睛给他观察昆虫的生活，并且不知疲倦地为他在田野里搜集圣甲虫的粪球。

序 言

观察昆虫的生活，越来越成为我自己的生活中重要的一部分。在20多年的观虫生涯中，我逐渐将对于昆虫世界的美的领悟划分为三个层次：小美、中美和大美。

大多数人所熟悉并乐于接受的，用肉眼即可欣赏的宏观的美，我将其归为小美。比如蝴蝶鳞片组成的图案、大型甲虫的威武身躯、金龟子鞘翅的绚丽光泽等，若我们在自然之中同它们不期而遇，必定留下美好的回忆。而受困于城市生活的人，也可以在自然博物馆中找到机会。即使是失去生命的标本也保留了这种美，依然能带给人惊艳的感觉，并给予艺术家无尽的灵感。

借助微距镜头和显微镜头，我们可以解密昆虫身体的细节。复眼的排列方式，鳞片层叠的规律，附肢上功能性极强的精密构造，无不令人惊叹。它们仿佛是建立在微观世界的工业文明，我称之为

中美。拍摄此类影像作品需要付出常人难以想象的艰辛和耐心，我们通过这些作品来欣赏这种美，感受一沙一世界的神奇。工程师和设计师由此获益良多。

而所谓大美，即昆虫在亿万年的演化过程中形成的行为模式、生存策略、建筑艺术，以及同其他物种和整个生态系统间的复杂关系。优秀的书籍和纪录片能让人体会到其中的精彩，但它们展示的仅仅是冰山一角。只有通过持之以恒的学习、观察和推理，我们才能时刻感受到昆虫世界的宏伟博大，每天都有可能接受新的震撼。所有年龄、职业的人，都能够从中汲取知识和力量，而这个源泉永不枯竭。

面对自然，唯有敬畏。

目录

1

四季轮回

4

待客之道

Following
Insects 2

四季轮回

每当冰雪消融，春风乍起，
我体内就有一股不可遏制的躁动，
想要去到自然中，
和六条腿的朋友们一起撒野。
这躁动的感觉仿佛来自祖先的子遗，
如同三十年前我作为雄性动物迎来自己的青春期。

大多数昆虫的生命周期不超过一年。
夏虫不可语冰，
我们匆匆度过的一年相当于昆虫的一世纪。
我暗自庆幸自己可以陪伴、见证它们的几十次轮回。
也很自然地想到，
这星球上有其他物种，
正在见证我们的轮回。

春至老和山

一

冬去春来，我的心和虫子们一起蠢蠢欲动。杨蛙蛙每个周末依然要去城西练羽毛球，经过一番考察，我选择了附近10分钟车程的老和山来填充这两个小时。

老和山一系，作为天目山的余脉，是深入杭州市区的最前沿阵地。沿西溪路共有四个入口，后面两个对应的山头已经是将军山和美女山，不过我习惯上把它们都称作老和山。

3月份，上一个冬天的落叶还没有完全分解，它们构成了几个月来山路边挡土墙顶部的主色调，以成虫越冬的斑腿蝗凭借自己的保护色巧妙地隐藏其中。早春时节，尚没有什么能跟遍布山路的蓬蘽的白色花朵争艳，它们吸引了蜜蜂和花萤，还有散步途中停下来合影的市民。

　　我驱车至报先寺，停车后右转上将军山。走了不多远就有发现：右手边一棵半人高的朴树苗刚抽出新芽，略显光秃的枝干上吊着仅存的一片枯叶，这是在此越冬的黑脉蛱蝶幼虫秋天的家。几天前，嫩芽勃发的气息唤醒了幼虫，它从某处隐蔽的越冬地爬出来，一直爬上树苗，伸一个长长的懒腰，脱掉三龄虫朴素的枯褐色睡衣，露出由华丽的红色、绿色以及紫色搭配的崭新衣裳。

　　四龄幼虫的胃口好极了，它几下就吃光了尖端的嫩芽，然后心满意足地趴在餐桌上打起了盹儿。幼虫表皮的颜色和纹理同原本那一簇卷在一起的叶芽一般无二。很多植物的嫩叶都偏红，这是因为光合作用尚未开始，叶绿素含量低，叶片本身所含的花青素的颜色得以展示出来。幼虫用自己的身体模仿那些缺失的嫩叶，让朴树苗看起来还是完整的。多么富有智慧的策略，可它还是被人类的眼睛发现了。

　　我把它轻轻地取下来，放在手上观赏。幼虫的头壳是白绿相间的宽纵条纹，顺着绿条纹往上是一对大"犄角"。上颚外侧是天蓝色的，黑

色的侧单眼依稀可辨，犄角根部的粉紫色仿
佛是打算绑上一对蝴蝶结。四龄幼虫的犄角比
三龄时更长，更威武，像一条小青龙。这犄角除了
模仿小树枝用于伪装，以及让鸟觉得对自己的喉咙不友好以外，它还可
以像有蹄动物的真正犄角一样用于战斗。

　　因为美梦被扰，幼虫有一股子起床气，它居然张开上颚来咬我。别
看它的口器在切割叶片的时候效率极高，可它在我平坦的手指上找不到
任何边缘可以下口，只得摆出一副奶凶奶凶的样子，张牙舞爪。我用另
外一根手指碰触幼虫的身体，它迅猛地转头，用犄角来顶我。我赶忙抽
手，然后戳它另外一侧。我就这样左一下右一下地逗它，乐不可支。

　　不过在昆虫的小世界，这副犄角可大有用处。一般的毛虫面对蚂蚁
的进攻毫无招架之力，但是有利器在头的黑脉蛱蝶幼虫可以从容不迫地
把围攻的蚂蚁一只只铲飞。据说它甚至会把在同一片叶子上进食的手无
寸铁的其他毛虫铲下去！

当我不再挑逗，幼虫困意来袭。它收起傲娇，蜷缩身体，像乖巧的猫咪一样又睡去了。

接下来的一个周末我再去的时候，差点连朴树苗都没找到。因为它旁边的一棵红叶石楠开始发力，繁茂的新生枝叶几乎将那根细枝吞没。石楠坚硬的蜡质叶片从各个方向推搡着朴树生长缓慢的嫩叶，幼虫也不知道去哪里了。只有它去年的枯叶床还坚强地挂在枝条上。

这附近的其他半大朴树上也没有蛱蝶幼虫的身影，但是有很多肉乎乎的叶甲幼虫，它们吃相难看，把叶子弄得又破又脏。

到了4月，黑脉蛱蝶成虫已经在山间飞舞。黄色的喙管、黑色的翅脉和后翅的一串红珠子让它们不可能被认错。与此同时，丑陋的叶甲也结束了蛹期。它们摇身一变，成了人见人爱的瓢虫模样。当然，它们并不是真正的瓢虫，只是一个高水平的模仿者。瓢虫徒有一副花哨外壳，肚子里没什么肉，还充斥着苦涩的防卫液体。它们用黑红相间的警戒色打消天敌对它们的兴趣，自然也成了被模仿的对象。一如模仿蚂蚁的拟蚁现象，模仿瓢虫的行为被称为拟瓢现象。

这些甲虫是某种角胫叶甲。它们的模仿惟妙惟肖，两米外足够以假乱真。要想把它同瓢虫区分开并不容易。虽然比起瓢虫圆圆的身体，这种角胫叶甲有点方头方脑的感觉，但这并不是有效识别特征。近距离观察可以看到它们的鞘翅上面

有一些由小刻点组成的纵向虚线。很多甲虫都有这种装饰，鞘翅的高光区更加明显，但是小刻点们不会出现在瓢虫身上。瓢虫的鞘翅只有两种质感：光滑如镜，或者布满绒毛。

5月，我从蕴秀亭入口上山。过亭子后是整洁的毅行步道，虫子不会多。我选择了从亭前左转的一条小路。路北有一个大工地，蓝色彩钢板的施工围墙绵延近百米，所以我只需要把注意力放在路右边的山体上。枯叶蛾的末龄幼虫正在到处寻找化蛹地，它们庞大的身躯像重型卡车一样在路上横冲直撞，我小心翼翼地迈步，避免和它们的行车路线交叉。

眼蝶偏爱昏暗的林地环境，它们飞得不快，但是警觉且很少停留，我通常不会在那些灰褐色的身影上浪费时间。不过当雨点刚刚开始泼洒时，它们便停止嬉戏，趴在叶子上不动了。我悄悄凑过去，蹲下身，用草丛掩护相机拍摄一只拟稻眉眼蝶。几根细细的草叶搭在镜头前，它们对成像影响不大，还巧妙营造出虚幻的氛围。

围墙上并不像我想的那样空无一物，干净的背景让误闯到上面的虫子一览无余。球蛛和狭喵虫在钢板的竖肋间织网，姬蜂和蚜狮在平坦处游荡，叶蝉甚至跑到这里蜕皮。在沿地形退让的围墙转折处，一条菜青虫正在寻找合适地点预蛹。它旁边已经聚集了十几只东方菜粉蝶的蛹，有一些翅膀位置的斑纹已经非常清晰，将在几天内羽化。

这一堆"大路货"中间，有两只身体更加修长的蛹，像坚硬的木质刺指向天空。这是黄尖襟粉蝶的蛹，因为高度拟态植物结构，它们在野

外环境下极难被发现。

　　黄尖襟粉蝶的蛹期长达三百天。它们将在施工围墙上度过接近一年的时光。虽然目前看来这个工地的工期肯定超过蛹期，不过最终里面飞出来的可能不是襟粉蝶。

　　在我拍摄第二只蛹的时候，上面有个白色的亮斑，那是寄生蜂翅面的反光。蝶蛹金小蜂正在拜访这只蛹，它也可能去拜访另一只。只有一种情况第一只蛹能暂时存活，那便是附近更加肥美的菜粉蝶蛹能够吸引金小蜂，并且靠庞大的数量提供饱和式保护，以便在金小蜂注意到它之前，蛹壁硬化到足以对抗产卵器的破坏。

　　但是，更多的菜粉蝶蛹意味着它们将孕育出更多的金小蜂，黄尖襟粉蝶漫长的蛹期也意味着漫长的风险。蛹体在冬末才开始加速发育，为羽化做准备。在这之前，金小蜂的后代及其后代的后代有足够的耐心来

终结它破蛹成蝶的梦想。

　　围墙前的草丛里，一个硕大的黄色身影若隐若现。我拨开草叶，以便看清它的全貌——美丽的雄性黄粉鹿花金龟！我终于可以把它从"很常见但我就是没见过"的名单里划掉了！大多数花金龟都是圆滚滚的身子小短腿，黄粉鹿花金龟的足非常长，雄性更是有一对超长的前足，头顶还有一副威风凛凛的大牺角。不过这牺角只是固定于唇基的突出物，不能活动，无法像锹甲那样夹击。

　　虽然头角不顶用，但它足端的爪非常大。我拨拉草丛，花金龟立马把前足高高扬起，做出恐吓动作。见我不退缩，它继而把后足也抬了起来，仅用中足抱紧草叶。它的背部有很多划痕，这可能是同其他雄性打斗的结果。

　　从背面看，黄粉鹿花金龟的主要结构（鞘翅、胸背板和头顶）都是以深黄色为底色，而腹面图案则由浅黄色组成。为了打破这种突然变化的生硬，它在背面的鞘翅肩部和三角形小盾片引用了腹面的浅黄色。这是设计中最常用的元素渗透手法，除了炫耀色彩构成的技巧，我想不出还有什么这样做的理由。

晚上活动的蛾子会找隐蔽处度过白天。它们经常选择靠近地面的宽大叶片背面，这样可以躲避来自上方的目光。不过若是叶子形状不规则，它们的一部分身体就会露出来。我脚边的一棵构树苗就是这样，它们幼年时期的叶片上有很深的缺刻，就好像被虫子啃咬过一样。一般认为植物用这个策略骗过前来产卵的母虫，因为它们倾向于为后代选择完整的叶片。对幼苗来说，每一片叶子都很重要。今天我的运气比较好，这只苔蛾并没有因为我把叶子转了180度而离开。

优美苔蛾是最常见的苔蛾种类之一，它的名字和长相一样动人。翅面上的短条纹拼图是由红、黄、褐三色打印的，不过前两个墨盒经常缺墨。

一周后我又来了，在同一地点遇到了一只墨盒充足的个体。只有在这种情况下，原来似曾相识的感觉才会逐渐变得明晰，这些看似随意拼接的红黄条纹让我联想起人类世界中相同风格的装饰。去过西班牙的游客会对科尔多瓦大教堂内庭印象深刻，褐色的科林斯柱式上连排的双层

拱券表面那些温暖的涂饰同这只蛾子如出一辙。

　　偶尔有那么几个瞬间，甚至让我对进化论产生动摇，是否有些物种真的是被"设计"出来的呢？

　　我在头顶的构树枝上发现了一条小野蚕。当构树长大以后，不必在乎几片叶子的得失，它的叶缘轮廓就变得完整了。小野蚕跟已经驯化的家蚕非常相似，灰白相间的体色拟态鸟屎，高耸的胸节上几个带毛簇的瘤突显示出蚕蛾总科的特征。我们熟悉的家蚕只在低龄幼虫阶段保持这个配色，然后会越来越浅，变成白白胖胖的末龄蚕宝宝，吐出圣洁的蚕丝，制成时尚界为之疯狂的丝绸。

野蚕的体型要小很多，并且会把鸟屎配色保留到最后。家蚕的未驯化祖先应该也是这个样子。我们的先民拥有何等的智慧，能够从这种毫不起眼的虫子身上看到辉煌的未来。

　　黄连木的叶尖上有一只黑黄相间的小蛾子，两种颜色搭配出简洁明快的图案。这么小的蛾子肯定不是警戒色，它也许是在模仿叶片从端部开始变黄的病变；并且它所处的位置很重要，三角形的身体和叶尖轮廓刚好贴合在一起——我用这样的强行解释来安慰自己。

　　一直以来，我执拗地认为昆虫身上的斑纹都是有目的和理由的，它们一定在拟态什么东西。后来我逐渐明白，自然远比我理解的要复杂，并不是每一个现象都能够解释，甚至，并不是每一个现象都需要解释。苎麻叶尖的另外一只更小的蛾子就对我原来所持的目的论进行了无情的嘲笑。它的体长不超过4毫米，肉眼观看仅能猜到它可能拥有丰富的图案，只有手里的微距镜头才能让我看清楚。

　　这只雕蛾翅膀后部的图案像夜空中绽放的焰火，黄色、橙色和银色的条纹从一个模糊的中心区域蜿蜒伸展出来。组成银色条纹的鳞片具有真实的金属质感，它们高度反光，随着观察角度的微小变化而熠熠闪烁。

　　我知道其实它隐藏了更多的细节，但那需要更高倍率的镜头。毫无疑问，这只微不足道的蛾子非常美丽。问题是，在人类的显微技术发明以前，据我所知自然界没有能解析如此微观图形的智慧眼睛。它并不是为了拟态某种环境物，也不是为了展示给用化学信号寻找彼此的异性蛾类。那么它的美给谁看呢？

试想一个史前人类，他把难得的闲暇时间用来观察自然，而不是改良石器。凭借灵长目在哺乳动物纲中独有的三色分辨力，他能看到可见光谱中的所有色彩，并且已经进化出理解美的心智。他欣赏繁花遍野，领略山川壮阔。而当他站在微观世界的入口，觉察到这里面蕴含巨大的美学财富时，却受阻于人类视觉的生物学极限而不能往前迈进一步。

　　同样的阻力发生在他想要看清月球表面的环形山的时候。他甚至不能用原始的语言跟同伴交流他的发现。一代又一代的史前观察者孤独而困惑。

　　几百年来，科学家和发明家对光学仪器和摄影术进行改良，把这些美好放大，让我们可以窥探这些已经存在了几亿年的精彩。然而时至今日，我认为这些精彩仍然不打算让所有的人类眼睛都能欣赏。

　　它们仅奉献于我的面前。

植物园的马蜂窝

—

上　篇

每年春天，马蜂亚科的越冬蜂王们从杭州植物园的各个藏身之所飞出来，寻找合适的地点筑巢，开始新王国的建设之路。

一般人提到马蜂就瑟瑟发抖，但俗语中的马蜂其实可分为马蜂和胡蜂两大类群，它们是胡蜂科下面具有社会性行为的两个亚科。我们把马蜂的危险级别标为黄色，它们的攻击性不强，甚至可以与人和平相处。真正危险的是各种胡蜂，它们被标为橙色和红色。

马蜂和胡蜂的外形区分主要看腹部前端：马蜂腹部梭形，两头尖，像个枣核；而胡蜂腹部前端截形，像一枚橡子。它们危险程度的差异主要是因为巢穴中蜂口（职蜂的数量）不同，二者相差接近两个数量级。而蜂口又是由蜂巢的不同建筑形式决定的。

常见的莲蓬头模样的蜂巢来自马蜂亚科，它们是密排的小平房，一般仅能容纳数十到上百蜂口，是一个小小的城邦。对待潜在威胁，仅仅出动十几只起不到打击效果，倾巢而出又可能损兵折将甚至全军覆没。所以，争强好胜不能长久，韬光养晦才是上策。

在马蜂基础上进一步演化的胡蜂亚科，除了更高效的毒液，还发展出多层建筑形式，也就是楼房。这极大提高了住宅容积率，蜂口增加至

数千甚至上万。对战斗减员承受力的大幅增加令它们有恃无恐，胡蜂帝国可以轻松组织起一支足以对任何行踪可疑的来犯者造成致命打击的进攻小队，并且即使这支小队成员全部牺牲，帝国也不在乎。

胡蜂窝具有球形外层包被，即使在露天环境下也可以抵挡风雨。而马蜂窝的莲蓬头是开敞的，先天不足，只得在粗树枝和茂密叶片下面、内倾石壁等地方选址。人类建筑的屋檐、窗框以及阳台的天花板都是完美又坚固的遮蔽物。

马蜂和胡蜂都以木质纤维为材筑巢。职蜂们咀嚼树木的韧皮部，混合唾液塑造六边形巢穴，这是最早的"造纸术"。

2019年4月26日，我在百草园本草轩的花窗格栅顶部发现了第一个马蜂窝。不知道蜂王从哪里寻来如此洁白细腻的材料，这个初级蜂巢具有半透明的纹理，如同纱帐一般。每个浅浅的格间里都产下了同样晶莹剔透的卵，变侧异腹胡蜂的蜂王正在守护自己的后代。

蜂巢通常从一个七宫格开始，即6格巢室围绕1格中央巢室。蜂王每次在下面加3格，它已经加了两次，所以现在总共有13格。这是我在春天找到的第一个马蜂窝，我把它标记为A巢。幸运的话，这个巢会以3列的结构不断往下发展，直到变成一张蛇皮的形状。如果它蜂口充足，也会扩展到4列以上。

侧异腹胡蜂属（以及铃腹胡蜂属）虽然以胡蜂二字结尾，但它们都是马蜂亚科的成员。无论马蜂还是胡蜂，当它是孤家寡人的时候行为都是很保守的。小不忍则乱大谋，即使我的闪光灯都快怼到蜂王脑门上了，它也不可能冲过来跟我拼命。它只是密切关注我的一举一动，如果我得寸进尺，它甚至可能会弃巢而逃。

我通常从植物园北门进来后走小路去百草园，曾在转弯的地方无数次经过植物资源研究所，开放的入口拱门（现已拆除）里面是只有半个篮球场大的小院子。5月3日这天我去夜观，趁着下班后至天黑前的空当，悄悄溜进去绕了一圈。两棵枝叶浓密的秤锤树掩护着一扇看上去不常用的开向室外的门。我在远处看到门框上有个"废弃"的马蜂窝，暗褐色，脏兮兮的。走近了瞧，蜂王就趴在茧室上呢！原来斯马蜂的巢同体色一样都是颜色暗淡，十分低调。我把它标记为B巢。

　　我选取了一个较低的视角，可以看到马蜂幼虫的整个发育阶段，这是一张"全家福"。最顶端是初孵幼虫，它没有任何特征，和卵的样子非常相似。接下来的幼虫不断变大，从肉色变为黄色，黑色的几丁质头壳也变得明显。随着幼虫身体变粗变长，蜂王会不断加高每格蜂巢，使幼虫不至于暴露在外面。这样，在每格蜂巢仅有个浅浅底部时就可以产卵，边生长边建造，极大提高了生产效率。老熟幼虫停止进食，吐丝做一个茧盖封闭巢口。蜂王停歇的地方就是4个已经完成的茧室，再过几天，第一批职蜂羽化以后，它就可以结束辛劳的喂食和筑巢工作，专心产卵了。斯马蜂城邦的发展速度明显更快，可能是因为它们建巢更早。我在2月底就看到蜂王在植物园里掉漆的木栏杆上刮取建筑材料。

　　5月6日，A巢的大部分幼虫已经孵化。顶部区域的幼虫呈现肉色，但下部的卵还未孵化。5天后，我看到蜂王准备在下方继续添加3格巢室。它只完成了一小半工作，即构建巢室的部分底部，但这并不妨碍它在那个半开敞的地方产下第14粒卵。这个艺术品一样的巢依然白皙精致，只不过它的房客们发育得太慢了。

　　距离A巢不到20米的地方，本草轩里一扇不起眼的窗户左上角，我发现了第二个住满幼虫的斯马蜂蜂巢（C巢）。木窗框里伸出的废电线和角落里的破旧蛛网让人不愿意朝这里多看一眼。所以它后来比另外两个蜂巢存在的时间更长。

　　蜂王回来了。它落在蜂巢上时引起了某种振动，可能还包括重量重新分配发生的蜂巢角度变化。最下方两格里的大幼虫敏锐地捕捉到了这个信号，它们居然像雏鸟一样把身体探出来乞食！

　　不过幼虫尚不能对蜂王带回来的东西进行精确判断。蜂王嘴里衔着

的不是食物而是木浆。它在很短的时间内，把其中一个巢室边缘加高了一圈，然后回到巢顶小憩。混合了蜂王唾液的湿润木浆呈深褐色，干燥后颜色会变浅。

　　某些晚成鸟（比如鸣禽）的雏鸟，当它们还没睁开眼睛的时候，只要感受到亲鸟回来落在巢的一侧而引起的倾斜，便得到了即将喂食的信号，拼命往上方伸长脖子。在这个阶段，动物行为学家通过简单地按压鸟巢边缘便可以引发乞食反应。当雏鸟睁开眼睛，并且能够协调颈部肌肉时，它们会把头伸向巢边的移动物体（比如手指）。再过几天，就必须用一个在逻辑上具有粗略的鸟类身体特征的图形才能够骗过它们了。

　　马蜂幼虫没有任何视力，所以我觉得可以参考雏鸟第一阶段的反应来糊弄它们。趁蜂王再次外出，我用手指以及找来模仿虫腿的一把小草棍变着法儿地戳蜂巢，但没有一条幼虫上当。正当我在想新花样的时候，一个黑影从远处迅速飞来。

　　凭借宽阔且随时警惕的眼角余光，在蜂王降落之前我已经撤到了两步开外，并且摆出一副路人模样。幼虫探测到真正的振动，纷纷探出身向母亲诉说刚才有一个怪叔叔是如何穷凶极恶，而它们是如何机智勇敢。蜂王回应了女儿们的委屈，这次它用真正的肉糜安抚它们。胡蜂科成虫像蜜蜂一样吸食花蜜，而它们的幼虫则只爱吃肉，食性的不同避免了资源的种内竞争。胡蜂科是重要的天敌昆虫，它们能有效控制附近毛虫的数量。

5月17日，A巢上部的几个巢室终于看出来明显的增高，而幼虫从肉色变成了象牙色。我看到蜂王做出给幼虫喂食的动作，但它嘴里根本没有肉，所以可能是在接受幼虫的反哺。要照顾这么多幼虫，蜂王的全部精力都用在捕猎上，几乎没有时间去访花进食，所以幼虫的反哺液是它最重要的营养来源。换句话说，它们之间在进行互哺。

5月29日，植物资源所里的B巢出现了一只"白化"个体。它的复眼颜色极浅，令人怀疑它是否看得见东西。除了体色，我尚看不出它同别的职蜂有什么区别，也是一副不好惹的样子。这可把我给搞蒙了。

接下来我赶往百草园，看到了空荡荡的A巢。蜂王不知所终，幼虫也全部消失了。

这事儿我可以猜测一下。可能是蜂王在外出的时候殒命于更高级的捕食者，或者在家时受到了极大惊扰而弃巢。然后无助的幼虫和卵被蚂蚁们发现并且搬走了。

当然，事情没有那么简单。蜂王经常外出，为了防止不在家时蚂蚁顺着巢柄溜下来偷东西，马蜂亚科的蜂王会分泌具有驱蚁作用的物质涂抹在巢柄上，蚂蚁几乎不可能突破这条唯一可以接近幼虫的陆路防线。

这个巢穴的问题在于，柄部连接在墙顶交接处，几乎以45度角伸出，同巢柄大体垂直的巢底在扩展时过早地接触到了墙壁。蚂蚁可以绕开坚不可摧的"马其诺防线"，由这里取道犯境。建在树冠里的蜂巢，持续加长的过程中总会碰到其他的枝叶造成陆桥，但中后期的蜂巢上总有职蜂留守，可以应对这种情况。发展初期的蜂巢是不设防的，卵和小幼虫毫无还手之力，顶部几格巢室口的建材变得松散凌乱，诉说着大龄幼虫可能在此做过的最后挣扎。

5月29日，蜂巢A结束。没有一条幼虫活到蛹期。

6月14日，蜂巢B结束。它孕育了超过10只职蜂。

B巢很明显是被人为破坏的。因为我刚好看到整个蜂巢就在门前的地面上，蚂蚁们正忙着搬运这天降美食。

6月24日，C巢的第二批职蜂都已经羽化了，它们外出给发育中的妹妹们寻找食物。一只职蜂叼回来一只大肉丸子，它在猎杀现场把猎物的肉咬碎成肉糜并且搓成一团。留守的职蜂笑脸相迎，从上面扯下小块的肉，分给每一只嗷嗷待哺的幼虫。

7月14日，最后一次关注C巢。有职蜂活动但数量极少。9月，巢空。

下　篇

9月7日，我参加了壹木自然读书会在百草园举行的线下活动，会后我陪大家在园子里刷虫子。在桃源里小屋正对的一大丛一叶兰里，不断有斯马蜂进出。这里面可能有一个蜂巢，不过现在人多眼杂，不方便动手。

9月16日，我独自来寻找一叶兰里的马蜂巢。面对数百片宽大的叶子，没有别的办法，只能一片一片地揭开看。一窝孵化没几天的猎蝽若虫正准备扩散，它们抢占每一个叶尖，享受高处才有的阳光。这些小小的守卫者给一叶兰增添了神秘的气息，就像守卫法老坟墓的亡灵一样。我就把这里当作入口开始寻找吧。

　　我小心翼翼地揭开那些叶片，直到看见几片合抱的叶子边缘，一只白眼马蜂正虎视眈眈。它的身后影影绰绰，似有暗流涌动。

　　我调大闪光灯输出功率，黑幕里的棕色马蜂纷纷现形。白眼马蜂之所以敢在我面前横刀立马，是因为它背后有一个军团。

　　我轻柔地掰开那两片叶子，大约有几十只斯马蜂挤在一起，它们用微小的躁动来回应我的无礼，并没有进一步的举动。奇怪的是，我没有找到蜂巢，我以为它们可能像蜜蜂那样因为巢穴被毁而无家可归，暂时露宿一叶兰。

　　连日的求助并没有得到白眼马蜂的任何资料。它无非就是这几种情况：1. 蜂王，这不太可能，因为据我所知马蜂亚科的蜂王同职蜂几乎没有外观差别；2. 职蜂中的白化个体；3. 雄蜂。

9月20日，我又来了。这一次我决心自己揭开白眼的秘密。我不再拐弯抹角，而是听取了朋友的建议，采取最直接也是最科学的操作：捕获一只样本。

我花了些时间，再次找到马蜂们的藏身之处。我现在就站在一叶兰面前，手握一根50毫升的塑料离心管，想要靠它来完成万军之中取上将首级的操作。这样的行动就连专业人士都没有经验。我把背包和相机都放在一边，以便等下逃窜的时候能做到身轻如燕。

正要伸手，一群秋游的小学生从旁边小路上走过来了。我耐心等这长长的队伍经过，走远。这时我忽然发现，由于白眼马蜂位置太靠外，实际上我可以通过搓动一叶兰的顶部，慢慢合拢两片叶子，从而把它单独隔离在外面。我马上这样操作，并轻松用离心管扣住白眼，这时它的那些同伴还被蒙在鼓里呢！我调整离心管的角度，利用大多数昆虫都有的往上爬的倾向，伺机扣上了盖子。

白眼马蜂的复眼非常清澈，几乎透明，仿佛能看到视网膜。但是几天后它饿死了，眼睛迅速变黑。我对这个标本着实无从下手，总之先看看性别。

肚子的末端没有任何特征，即使是螫针也会收在里面。我抱着试试看的想法，用镊子去夹它的腹末，然后轻轻往外拉。其实我也不确定有没有夹到什么东西，但奇迹发生了，一个特殊的器官被我拽了出来。不经意间，我完成了一项专业操作！

我手头只有胡蜂亚科的部分图鉴，虽然不能对照定种，但从腹末骨片的形状至少可以判断，这是雄蜂的生殖器。至此答案揭晓：白眼即是雄蜂，雄蜂会有白眼。B巢虽遭不测，但它已经进行到繁育雄蜂这一步，也就同时会繁育第二年的未来蜂王——它们已经完成了基因延续的任务。

一叶兰的蜂群并不是无家可归的流浪者，它们看中了宽大叶片的遮蔽和保暖作用，是从附近的不同蜂巢赶到这里的未来蜂王的越冬集群。在成为真正的蜂王之前，我们称之为雌蜂。雄蜂也来到这里和雌蜂交配，并待在一起。但是雄蜂不能越冬，它们的生物钟早已把生命终点定格到了深秋。大多数雌蜂也无法越冬，它们会随着气温的降低而不断死去，只有最强壮的个体才能活到明年春天，去迎接新的挑战。

知道了答案以后，两种蜂的头部在我眼里忽然变得极为不同。用通俗的语言描述，即雌蜂的唇基（两眼之间）非常饱满，大体呈一个正五边形。而雄蜂则扁平、干瘪、收缩，呈内凹的梯形。唇基跟大颚之间还有个豁口，令人想起换牙时的不愉快经历。

9月25日，我在植物园小木屋边的锥栗树上发现了异腹胡蜂的越冬集群。大约有四十只雌蜂挤在一片半开敞的叶子反面，正面还有十几只，包括两只雄蜂。但是这叶子在我看来既不防风，也不保暖。

集群的异腹胡蜂远比斯马蜂要活跃，它们组成了一个惟妙惟肖的自由课堂：靠近叶柄的个体紧密排成一行，它们是安静听讲的学霸；第二排要松散一点，第三排已经看不到队形了；处在最外面的十几位同学躁动不安，一直在换位子，并且很容易被教室外的动静所吸引。在我对着它们举起相机的时候，马上有四只雌蜂脱离集群，跑到叶子边缘来瞅我。

黑暗中，隔壁班的雄蜂同学伸出来一张逗趣的脸。除了前述斯马蜂雌雄唇基的区别，雄性异腹胡蜂的唇基非常狭窄，两眼之间的距离只有雌蜂的一半，身材也明显小一号，一副营养不良的样子。当我转到叶片正面时，刚才的四只雌蜂马上探头探脑跟了过来。

正面的蜂群就更热闹了，简直是在上体育课。我花了半小时左右来观察它们，发现了明显的互哺行为。一只嗉囊里盛满蜜汁的雌蜂从外面归来，几只同伴过来向它乞食，它均慷慨给予，然后转到叶片背面继续同大家分享。这是典型的利他行为。因为这么多只雌蜂不可能是一个窝的，它们携带不同的基因组，并且将在来年春天展开竞争。但竞争的大前提是它们能活到来年。在长达七八个月的蛰伏期里，它们面对一个共

同的敌人：低温。它们通过聚集信息素把众多同类召唤到此，聚集在同一条船上，一荣俱荣，一损俱损。为了将来的公平竞争，现在必须展开合作，轮流觅食，分享能量。

然而越冬期间保存体力是一件重要的事情。当真正的严寒到来时，那些曾经醉心于嬉闹的学渣就会发现，当初从它们的身体上流逝的不仅是时间，还有生命。

9月29日，我仔细勘察一叶兰，找到了另外一个斯马蜂越冬集群，和一个不到200格的蜂巢。这三个地点相距不到一尺（三尺等于一米），巢内空无一物。未来蜂王通常会在蜂巢解体前离开寻找越冬地，剩下的职蜂会再坚持一段时间，直到自然死亡。这个空巢说明斯马蜂的蜂巢至少在9月份就走到了尽头。这时候天气还很温暖，食物也很丰富，我想不出这么早放弃的理由，也许是昼夜温差已经不适合幼虫的发育。也就是说，在华东地区，马蜂的活跃时间只有四个月，我在秋天看到的马蜂，都是从越冬地出来觅食的雌蜂。

相比之下，胡蜂巢在含有空气夹层的外层包被的保护下，具有很好的热工性能，温差较小，胡蜂幼虫至少可以坚持到12月。

最终，这些空巢都将被荒废，在第二年被新生蜂巢里的职蜂拆掉一部分去盖自己的房子，大多数会因自然风化而破碎消失。

10月11日，异腹胡蜂越冬集群背面雌蜂消失，正面仅余一雌一雄。我怀疑其受到了人为干扰，正面两只可能是外出觅食的幸存者。

11月3日，异腹胡蜂越冬集群全部消失，斯马蜂越冬集群减员四分之三以上。

11月22日，斯马蜂越冬集群消失。我非常仔细地找过两遍，没有看到一只雌蜂的身影。现在还没到最冷的时候，而这个地点也很适宜，因此蜂群不太可能因为体质问题而全军覆灭。

我想起前几天来的时候，百草园内正在浇水。养护工把连接软管的自动旋转喷头放在活动三脚架上，它就会照顾半径七八米的一大片场地，过段时间再换地方。当我想要像跳大绳一样赶在它前面路过的时候，还因为判断失误被浇了一把。可能是某一次三脚架的随意放置，使得喷口的最大水头落点轨迹刚好穿过那丛一叶兰。在经受了几十次劈头盖脸的无情泼水后，幸存者们可能认为这里没有原先想的那么适合越冬，于是匆匆转移了。一个偶然事件，决定一个群体的命运。

虽然锥栗叶子上的异腹胡蜂已成历史，但我经过附近的时候还是忍不住去看一眼。我低着头走到树枝下，抬头。惊异地发现上面又停满了黑黄相间的身影！我的心跳居然加速起来——莫不是产生了幻觉？我赶紧上前一步，黑黄相间的影子一哄而散。

这些影子确实也是来"越冬"的，不过不是异腹胡蜂，而是在2019年整个亚洲东南部大范围暴发的南亚果实蝇。它们大量进入室内，给无数人造成了困扰和惊吓，它们也在本草轩天花板的角落里聚集。像雄蜂一样，它们活不过杭州的冬天。但它们努力求生，每多欣赏一次日出，都是一次胜利。

弹指一挥间，王国兴衰起落。虽然我所关注的三个蜂巢和两个越冬集群结局都令人唏嘘，但它们更加坚强和谦逊的同胞们，在我搜查不到的更加温暖和安全的地方散发勃勃生机。

2020年的春天，依旧是膜翅目的天下。

蚁蛛的守候

—

　　5月中旬，夫人和几位朋友携家带口去余杭区的鸬鸟镇共度周末。周日上午大家自由活动，我翻了下地图，附近的鸬鸟山貌似地形不错。于是我一早开车行至半山腰，然后下来徒步。

　　才8点多，蚊子就非常活跃，总共有十几只一路跟着我。奇怪的是它们只忙着排兵布阵，却没有一只轻举妄动，就好像在等待吉时一样。我很快习惯了忽略这些黑白相间的小恶魔，开始专心找虫子。

　　路边的枯草秆上，有个黑黝黝的东西附在上面，这是覆翅螽的小若虫。在大长腿云集的螽斯总科，它们可能会有点自惭形秽。虽然它很小心地把六条短腿贴紧草秆，但是那不安分地摆来摆去的长触须却太过显眼。

　　若是问这团黑乎乎的东西能够让人联想到什么，恐怕也只有因长时间无人问津而干瘪变脏的鸟屎吧。要模仿新鲜鸟屎，必须有白色的尿酸结晶部分，关于这一点，野外常见的沟眶象和臭椿沟眶象拥有极高的曝光度。我本来以为象鼻虫家族里就只有这一对鸟屎双雄，可没想到黑白配居然还是个流行色。今天这只开始被我错认为"双雄"之一的虫子叫短胸长足象，而且配色更加干脆，黑白分明，几乎没有中间灰。它前面四条腿伸出并拢，后腿紧靠身体，头部低垂略做沉思状，用一种哲学家的优雅告诉我外表并不重要，它只专注于内心的建设。

这附近的短胸长足象还真不少。即使是两只正在交尾的象甲，也不过是一坨大号的鸟屎而已，毫无破绽。对于鸟类天敌而言，拟粪现象是在逻辑上最为成功的策略。保护色有被识破的时候，警戒色需要牺牲前几只个体才能让幼鸟记住，拟态其他物种会被试探性攻击误伤。但没有哪只鸟会跟一坨可信度高的自己的排泄物过不去。哪怕可信度不是那么高，难道这只鸟还会闲到亲自验证一下吗？

正在享受爱情的筛豆龟蝽无论换什么姿势，都是植物茎上的两个小突起。密布背面的小刻点自带噪点特效，可以融入大多数绿色背景。虽然身在半翅目，但龟蝽科是鞘翅目的小粉丝，一心想扮成个甲虫样。于是它们也学大哥盾蝽科，把中胸小盾片这个单一结构极度特化，直到包裹住整个腹部。

盾蝽大哥也就到此为止了，但是小粉丝有自己的小心思：如果扩大小盾片去模仿整个鞘翅，那原来位置的小盾片不就没有了吗？于是它们在背部散乱无规分布的小刻点中，悄悄地派出一队精英小刻点去胸背板后面紧密排列，居然把点连成了线，"画"出了一个宽扁的"小盾片"。

体长只有1厘米的菊小筒天牛晃动着触角从苎麻叶子下面翻上来，又晃动着触角爬向了草丛深处，它胸背板上的红色按钮惹人喜爱。而拟态枯枝的齿缘刺猎蝽则步履缓慢，它腹部边缘有着鲨鱼牙齿一样的尖锐突起，使得整个腹部像一个电圆锯的锯片。我一直想象它会在关键时刻让这个锯片高速旋转起来，撕碎挡在面前的一切阻碍。巨大的雄性水鬼扇山蟌在我旁边追逐角力，它们颇有骑士精神，点到为止，不会穷追不舍。山蟌科在停歇的时候，不像其他豆娘那样把翅膀收拢，而是像蜻蜓一样平摊在身体两侧。

9点半，蚊子们的吉时到了！随着一声呼哨，恶魔军团发起总攻。我瞬间连中数弹，赶紧驾车落荒而逃，一直开出去数公里才敢停下来。

路边的土壁上，悬挂着一个个由泥土颗粒拼成的钟形小巢。这是球蛛科钟蛛属的瞭望塔。你很容易在山路边因为小坍塌而露出泥土和植物根系的地方找到它们。钟蛛做好结实的悬挂丝，然后搬运泥土进行自上而下的反向砌筑。塔底会有数十根细丝同下面的土壁相连，当经过的小虫不小心绊到信号线，钟蛛就从巢里冲出来袭击它们。

　　这种奇异的建筑形式给了我灵感，我们说不定可以在悬崖（或人造悬崖）底下建造悬挂式度假酒店，除了连地板上都能开观景窗，它的另一个特点将是抗震。因为地震对建筑的破坏来源于结构失稳后自身重力造成向下的压力，而悬挂式建筑属于全拉力结构，重力反而是维持结构刚度的有利条件。就像你很难把一串穿好的珠子竖着摆在桌面上，但是捏住最上面一个珠子就可以把它们提起来，而且珠子越重，它们越直。

　　午饭后，我去农家乐的院子里找乐子，见到了几只可能是今年第一批羽化的苎麻珍蝶。它们由去年秋天出生的第二代幼虫越冬而来。有苎麻的地方就有苎麻珍蝶幼虫。它们身上是由红黑黄白组成的斑纹，还长着带分叉的棘刺，一点都不讨喜。几乎在一年中的每个月份，都可以在遍布山路两侧的苎麻上看到这些幼虫疯狂进食的瘆人景象。

在幼虫化蛹之后，还是同样的配色，只不过换了一种新的排列组合的方式，就成了我最喜欢，也最具有装饰意味的蝶蛹。苎麻珍蝶的蛹是悬蛹，就是草草做一个丝垫，固定好尾钩后头朝下蜕个皮就结束了。比起要花精力做一根胸部保险绳的缢蛹来说，这种方式十分省事。刚蜕皮的蛹腹部颜色跟幼虫有些相似，其他地方都是黄色的，但是在两个小时内，翅脉以及附肢的轮廓就会以极漂亮的黑色勾边的形式出现，就像老虎身上的花纹。有意思的是，如果从下面向蛹的头顶看过去，就会发现一只兔牙小老虎的脑袋呢！

羽化后的蝴蝶依然没有新的颜色可以用，它把原来的色素重新分配，成为普通人认可的美丽的橙色蝴蝶。5、6月之交，是全年不可多得的可以同时看到卵、幼虫、蛹和成虫四种虫态的时期（还有一次在夏末）。雌蝶能在一片叶子上产好几百粒卵，这也是为什么幼虫总是集体出现。虽然苎麻珍蝶的很多习性都不太符合蝴蝶的气质，但它确实是用有限的色彩巧妙组合出多样形式的设计典范。

　　阳光强烈，我躲在香樟的树荫下抬头寻找，看到了一只举着一对大棒的蚁蛛。

　　蚁蛛属的两性体型差别不大，但是部分种类的雄性有着超级巨大的螯肢，甚至占到整个体长的三分之一。螯肢呈现一个略微弯曲的四棱柱形象，就像一头怪兽叼着两根方尖碑。可以想象，蚁蛛的猎物在面对这巨大的杀器以及杀器尽头那对泛着幽光的大眼时，是何等地恐惧。

　　蚁蛛在一个非常薄的丝巢里，前后都有出口。当我的相机惊扰了它，它并没有弃巢而逃，只是迅速出门，爬到叶子的后面，兜转一小圈后又爬回来，依旧待在巢里。这时候我才注意到在它简陋的丝巢前面，有另外一个厚得多的白色丝巢，尺寸略小。

　　这也是一个典型的蚁蛛丝巢。我用一盏灯作强逆光来穿透香樟的叶片，勉强可以看到厚巢内的主人也恰好在家。它头部朝向左侧，并没有造型夸张的螯肢，这是一只雌蚁蛛。看得出来，它的体型明显小于门口的雄蚁蛛，还差一次蜕皮才能到达性成熟。也就是说，目前它正处于蚁蛛的少女阶段。

成熟的雄蚁蛛四处游荡，寻找配偶。它经过这个丝巢，为她的气质所吸引，一见倾心，并发誓非她不娶。但是对方尚未成年，它万万不可造次，更不可强闯。

于是雄蚁蛛放弃了继续寻找其他成熟异性的机会，它选择在心上人的闺房门口安顿下来，搭建自己的简易帐篷，凭自己的耐心和螯肢守护于此。

它在这里等她长大。

驼背收藏家

———

5月份，家里的卧室进行隔声改造。为了降低装修产生的有害气体的影响，我们一家于月末去森林里"洗肺"。这是我第一次沿山脊线开车穿越村庄到小和山顶的金莲寺西侧。我以前都是停到东侧山脚的停车场，偶尔走石阶上到顶，因为山脚附近的小和山社区有很多小吃店。地图上两个停车点直线距离400米，但是因为大约120米的高差，开车到另外一个地点要绕行15公里。

接近目的地时有几段弯折较大的盘山路，预示这里将是个不错的观虫地点。蚜虫占据了爬藤的嫩叶疯狂繁殖，它们分泌的蜜露还没有蚂蚁来收获，被恣意洒向地面，成为落叶层里小跳虫的甜点；红黄相间的硕蝽若虫藏身在枯叶里，而鲜绿的露螽若虫却在暗淡的墨绿色叶子上扮演一个格格不入的嫩芽；黄檀伸向路边的羽状复叶上，栎黄枯叶蛾晃动着第一胸节上的长毛组成的黑色双马尾，令人望而却步；另外一片复叶上，一只浅色小虫也在晃动它的黑色触角，这只没见过的小虫引起我更多的注意。

我向它缓慢靠近的过程中注意到它偶尔还会抬起上身，用一对占据整个头部的黑色复眼来左顾右盼；再靠近一点，我发现它并没有翅膀，腹部比较臃肿，看起来是一只若虫；于是我就安心地一步到位，把头凑到了我这个近视眼的最近对焦距离。

　　仔细打量了这只怪虫片刻之后，我不禁哑然失笑。这个张扬的头部是假的，乃是虫子的屁股，粗黑的"触角"其实是两根尾须。这虫子真正的前半身气质表明，这是一只如假包换的叶蝉。它那善于弹跳的后足腿节朝前藏在身子下面，露出来的是朝后的长长的胫节和跗节。在胫节上有几道刺状毛列，非常明显。胫节刺是叶蝉科的名片，用以区别于沫蝉、蜡蝉等同样善跳的亲戚们。这只若虫的整个身体是简简单单的扁梭形，又配上没特点的细碎黑白条纹，复眼用同种风格的条纹巧妙地隐藏自己，触须虽然很长但是细到看不见。就这样，叶蝉若虫完成了整体造型的低调化处理。唯一醒目的结构，就是纯黑的假头和假触角。

　　我见过很多种类的叶蝉若虫有类似的尾须构造，它们配合腹部的扭动做缓慢摇摆，但我不清楚它们这样做的意义。今天这只非常明确地在模仿一只昆虫的头部，从这"头部"的特征来看，被模仿者肯定不属于叶蝉科，甚至不属于半翅目。它在形式上表现出了"首尾互置"，但在策略上并不是。因为我所认为的首尾互置是昆虫已经被天敌发现，身处生死存亡的最后时刻，在没有其他避险措施的情况下，在死亡和受伤之间对后者的主动选择，而不是用一个招摇的假头把天敌从大老远吸引过来。如果这只若虫保持静止，它的保护色其实是很有效的。

经过讨论，我和朋友们认为它只能是在模仿另外一种不好惹或者不好吃的昆虫，才可以如此心安理得。不好惹的昆虫类别不多，而且必定有警戒色的配合，因此可以排除。不好吃的昆虫可就种类繁多了。我们绞尽脑汁，觉得它的整个身材、假头以及动作在气质上最接近于脉翅目昆虫的成虫。

那么问题来了。草蛉科的部分属确实有臭腺，有些地区也把草蛉称为臭虫，但是尚无实验证明草蛉的味道可以趋避敌害，而脉翅目的大多数类群都是不臭的。所以目前单靠推测尚无法得出任何结论。

杨蛙蛙发现了一只伸着长长的脖子东张西望的黑色小甲虫。这只黄腹细颈象是象甲总科卷象科里的长脖子另类。卷象科是广义的象鼻虫，鞘翅目里的建筑师。它们会把叶子卷成粽子的形状，当作后代的摇篮。

该种雌性的脖子只比普通卷象略长一点，这个夸张的造型一看就是雄性。虽然长得像长颈鹿，可它没有长颈鹿配备了七节颈椎骨的脖子那么灵活，它只能通过中间略呈球形膨大的真正颈部来做弯折，那里充其量只有两节，动作十分生硬。这个华而不实的脖子主要用于雄性之间的争斗行为。但就是因为夸张的造型和生硬的动作，反而让它更加具有机械感，惹人喜爱。

上次看到这小东西还是我刚来杭州工作的时候，在黄龙洞景区入口。一晃16年过去了，老友相聚，分外热情。不过这老友一如既往地警觉，看似呆头呆脑，一个没留神，它就把翅膀掏出来飞走了，连往哪儿去的我都没看见。

　　小和山是杭州蚊子最多的地方之一，我在山路上任何一个地方停留片刻，负责这一小片的蚊子就会闻风而至，再过一会儿，隔壁片区的蚊子也会赶过来帮忙。每次采风，不付出几个红包是不行的。

　　虽然一个人刷山自由自在，但有时候我还是想身边有几个"童子"。在科举时代，赶考的书生会带童子挑着书担照顾起居，称之为"书童"。21世纪初数码摄影刚刚兴起，而微距摄影的专用闪光灯还不成熟的时候，高要求的摄影作品通常需要打背光。现场由另外一个人手持离机闪光灯站在虫子侧后方，相机上的随机闪光灯会对它进行引闪，达到布光效果。这个活儿没什么技术含量，我们参考书童的叫法称之为"灯童"，并经常自告奋勇做灯童，以此向大佬表示自己吃苦耐劳，用来换取一个学习的机会。

　　客观地评价，我对蚊子的吸引力大约是百里挑一的水平。我想，如果有一个千里挑一的人站在我旁边，是不是就可以保我平安呢？我将赋予他"血童"的光荣称号！杨蛙蛙对蚊子的吸引力和我半斤八两，这事儿她帮不上忙。我家夫人对昆虫不感兴趣，她可以坐在路边的条石长椅上玩手机，并且纹丝不动地坐上半小时，蚊子同她秋毫无犯。我和杨蛙蛙即使喷了过量的驱蚊水也无济于事，真是让人好生嫉妒。也许是我们无意中充当了她的血童吧。

　　石壁裸露的地方植物不多，石缝里钻出的崖豆藤小苗长到了半人

高。我来回踱步躲避蚊子，崖豆藤伸在最外面的完整的复叶不断扫我的腿，让我注意到植株贴近根部被整齐啃食一半的几片叶子。食客看起来很挑剔，它严格吃掉叶片的端部一半，且把口感老硬的中脉完整地留下来。就像我们吸溜掉豆腐鱼（龙头鱼）的半截身子，只留下一根脊椎骨。然而干净的中脉上又留了两片形状不规则的叶肉，靠中间的那一片还算平整，而最端头的那一片已经干枯变形了。

食痕类型是判断曾经在此进餐的昆虫和蜗牛等无脊椎动物的重要线索。我看到过很多食痕，但是还真没见过这样的。于是我蹲下来，用手掌托起一片残叶，伪装大师就这样暴露了。

我对蝴蝶幼虫的知识并不怎么丰富，但对于蛱蝶科幼虫变化多端的形态和策略早已有所耳闻。这条正在休息的中环蛱蝶幼虫展示出教科书般的场景。了解这个只需要一点点的知识储备，我马上就明白了它的良苦用心。

幼虫本身拟态枯叶，但是它认为单独的枯叶略显突兀，它需要"队友"的配合。于是它煞费苦心，在进食时控制住自己，留下一大片叶肉不吃。并且在进食结束的时候把另外保留的叶子中脉的根部破坏，使得没有水分能够运输到那片残叶，因此它很快就萎缩，连同另一头的幼虫变成形状各异的两卷枯叶。这个场景真实而又自然，天敌看到，也只当叶子是被一只不讲究餐桌礼仪的毛虫吃成这样的，万万想不到这狼藉本身才是一道大餐。这一切全靠叶肉队友神助攻。

幼虫的行为利用了类似于心理学中晕轮效应的原理。天敌观察到真实存在的残叶，于是以偏概全，认为部分真实的幼虫也是残叶。因为使用了重要道具，所以我把这个行为归于伪装。旁边的叶子上缀着一只末龄幼虫。它体型很大，吊在叶脉上的时候，已经和充当掩护的残叶连起来了，更难分辨。并且，末龄幼虫采取的保护策略更加复杂。

对于食虫鸟来说，判定猎物是毛虫的首要原则是：一定尺寸的圆柱形物体。而那些不肯向命运屈服的毛虫们绞尽脑汁改变自己，首先也是为了让自己看起来不像圆柱体。立体感的产生依赖于光影明暗的变化，一根横卧的圆柱体通常上部亮而下部暗，很多毛虫的体色就恰恰相反，这样在天光的配合下它们的身体上下亮度相仿，变成了一个扁平的二维物体。但是它们必须严格选择停歇时的位置，万一方向搞错就会产生更加强烈的立体感。有些毛虫靠各种棘刺来模拟植物形态，还有的休息时把身体夸张地扭曲。

中环蛱蝶幼虫把棘刺和扭曲都用上了，末龄幼虫还用了另外一招更加高级的技巧：打破身体轮廓。

从侧面看，幼虫的身体中后部被一根明显的弧线划分为上下两种颜色，上面是枯叶的浅褐色，而下面近乎黑色。这个组合一方面模仿了叶下阴影，更重要的是，它塑造出比身体的真实轮廓更醒目的分界线，让天敌很难去注意整个毛虫。如果是在杂乱的环境中，毛虫更容易从视觉上被拆分为两个更复杂的事物，真正的轮廓早就遁于无形。现代迷彩服借鉴这种局部大面积的高对比度图形，根据作战环境的需要不断改进，以降低士兵在野外暴露的危险。

在山体陡峭处，山路临空一侧修建的混凝土栏杆上面刷了一层油漆模仿木头的质感，并拉了一些木纹出来。因为施工要求不高，表面有一些小的凹陷。自然界的所有凹陷地形，都有相应体型的动物喜欢并利用。因为它是一个天然的藏身之所，可以躲过站在远处平地上的天敌目光，也能减弱猛烈横风的影响。我经常见一只小虫沿着平坦的表面狂奔，如果路上恰好有一处凹陷，它就会暂时停下来待在里面。草原上自然凹陷的小地形会给受伤或者临近分娩的动物提供保护，同样也给予从树上下到地面的人类祖先莫大的安全感。对这种地形的偏好深深印在我们的基因之中，演化成现代人类最喜欢的一种城市空间形式：下沉广场。

栏杆上的这些凹陷最大者不超过一粒玉米大小，每隔几米就有一个。它们当中的一部分被一床丝垫给重新抹平了。丝垫非常厚，完全看不到内部，因此我猜测这是某种蜘蛛的卵囊。

又经过几段栏杆，我看到一只草蛉幼虫正在探测一处卵囊。这些善于伪装的驼背小虫大多数收集植物碎屑背在背上，有一些则会放置自己吸食过的蚜虫干尸，总之要用什么来伪装全凭幼虫自己的喜好。它们有着昆虫圈里最多的外号：驼背虫、垃圾虫、蝲蛄，而最常用的，则是蚜狮。栏杆上的这一只，背上的东西可谓琳琅满目，颇具收藏家风范。

蚜狮背上像风帆一样高高耸立的，是某种昆虫的对折后的棕黑色翅膀，而横向伸出的，大约是某种草本植物带茸毛的一段茎，一只毛虫的蜕填充起二者形成的直角空间，一小条绿色的苔藓搭在上面。根据毛虫蜕上长毛浓密的细分叉判断，原主人可能属于毒蛾亚科。紧贴黑帆的是一只瓢蜡蝉若虫的蜕，我一眼就认出它，是因为它每一片外骨骼的边缘都有着小圆钉一样的突起，就像朋克皮衣一样。而且我在附近就发现了一只大点的若虫，搞不好这就是它的蜕呢！

最有意思的，是位于前部的一个白色圆形物体。如果从正面看，它是个小球的模样，很像虫卵；但是从侧面看就是薄薄一片，其实是球体上切下来的一部分，呈一个锅盖的形状。我的脑子像拉下手柄的老虎机一样快速检索，很快，随着清脆的响声，目标锁定。

它是茧蜂的茧盖。这个东西可就说来话长了，首先有一条毛虫被茧蜂寄生，茧蜂母亲会根据毛虫的尺寸产下若干粒卵。茧蜂幼虫从毛虫体

内吞噬它的血肉，成熟后钻出来，在半死不活的毛虫两侧吐丝作茧，每只茧子的大小和颜色跟大米相仿。里面的茧蜂羽化后，会用上颚在茧的一端切一个圆形的盖子，然后从里面钻出来。这个盖子边缘整齐，同剩下的茧仅用丝保持一点点联系，很容易分离。现在这个茧盖作为蚜狮很重要的藏品，就摆在它背后离头部最近的位置。

这仅仅是我能够辨认出的部分，并且这些藏品分布于不同的生境。这得是一只多么酷爱收藏并且酷爱旅行的蚜狮，才能在有限的生命中以几毫米的身躯跋山涉水，有集必逛，乐此不疲。

眼下，这个机会主义者正把左侧的捕吸式口器整个探入蜘蛛卵囊之中，里面的卵怕是在劫难逃了。

更过分的是，这位蚜狮先生不但要你们的命，搞不好它还要你们的窝哩！

微观世界里有很多无意中进行的收集行为，最常见的就是蛛网，它对飞行昆虫一视同仁。每年暑假我回周村老家，都会探索宿舍楼边上已经成为菜地的长条绿化带，而蛛网上会出现我从来没在那里见过的虫子。蜘蛛属于被动型收藏家，并且它们中的大多数不喜欢网上挂满各种昆虫尸体，会定期清理。蚜狮就属于主动型收藏家了，而且对它来说，这些宝贝金贵着呢。柳宗元在《蝜蝂传》中就有生动的描述："人或怜之，为去其负。苟能行，又持取如故。"

有了这些小小收藏家，每次出门就不会担心空手而归了：哼，大不了把我安排好的卧底叫出来问问！

"根与芽"的夏令营

——

6月底，上海的朋友布瓜邀请我担任"根与芽"夏令营的自然观察导师。

"根与芽"是珍·古道尔博士创立的面向青少年的环境教育国际公益组织，旨在促进人与自然的和谐共处，它的上海分支成立于1999年。每年，上海"根与芽"分会推选优秀志愿者参加亲子夏令营。我很荣幸能和这些可爱、高尚的人分享昆虫的知识。

夏令营选在浙北的安吉县山区，离杭州很近。我需要给年龄跨度从两岁到四十多的观众们提供一场讲座，导赏一次夜观，再办一场灯诱，剩下的时间便可以自由活动。

晚饭后，我们开始沿山路上行。大家在草丛里找到一只黑红相间的小甲虫。我一开始差点认错，以为是网络上流传甚广，描述言过其实的毒隐翅虫。但是这小虫的动作没有隐翅虫那么灵活。仔细看了一下，原来是一只拟态隐翅虫的拟叩甲。

毒隐翅虫亚科的成员靠体内的共生菌产生防御性的化学物质隐翅虫素，它用黑红警戒色来表明自己的有毒身份。人类能够被它伤害的唯一方式，就是把它拍死在裸露的皮肤上并且来回搓几下，那么它流出的体液确实能引起隐翅虫皮炎。但大多数人看到具有警戒色的昆虫时，第一反应不应该是弹走吗？

这只隔华拟叩甲并没有毒，它模仿有毒的隐翅虫，这被称为贝氏拟态，源于19世纪博物学家贝茨在南美观察到的无毒蝴蝶对有毒蝴蝶的模仿行为。这两类甲虫看起来几乎一模一样，但是隐翅虫是把鞘翅缩短来减少飞行中的风阻，它那因为缺少鞘翅遮蔽而裸露出的红色腹部会通过增加背板的厚度来进行自我保护，但同时又拥有极大的灵活性，因为它要靠这个腹部的复杂动作来把后翅折叠收进短短的鞘翅里。所以隐翅虫的爬行动作类似于蛇行，它的腹部会随着地形的轮廓而弯曲。拟叩甲仅用一对鞘翅就模仿了隐翅甲的黑色鞘翅、红色腹部中段和黑色腹部末段，但是硬邦邦的鞘翅不能变形，爬行姿势完全不同。

小朋友们得知这只拟叩甲没有任何危险以后，很开心地把它放到自己的手上。不过贝氏拟态的模仿者不能脱离同地区的被模仿者而存在，真正的隐翅虫就在附近游荡。

夜晚观虫，看到的蜘蛛数量好像比昆虫还要多。因为蛛形纲的祖先就是靠黑夜起家，并且几亿年来牢牢把握住这一组生态位。黑斑狡蛛就像一个小型动物的头骨，手电筒扫到还真容易被吓一跳。它在盗蛛科里属于大个子。盗蛛科正如其名，像强盗一样采取守株待兔的方式打劫过路的爬虫，很容易让人联想到盗虻科（食虫虻科），它们停在出挑的小细枝等制高点，随时准备击落闯入防空半径内的飞行昆虫。

我下到路边干枯排水沟里的时候，其他人在毛竹上看见一只华遁蛛。这只巨蟹蛛科的成员正在寻找猎物，因为不堪众人手电筒的骚扰，

赶紧翻到了竹茎背面，然后发现我正在注视它。我们十目相对，华遁蛛没有逃走。被一个人看总比被一群人吵要清静多了。

巨蟹蛛科是野外比较容易见到的大型蜘蛛类群之一，这其中的白额巨蟹蛛因为偶尔会进入室内而有比较高的知名度。只有藏匿了大量蟑螂的厨房才能吸引它大驾光临。虽然蟑螂跑得很快，但是巨蟹蛛更快，它靠速度来打败速度。这本来是生物防治的好办法，可惜大多数人在看过它的尊容以后，忽然觉得蟑螂也不是那么不能接受。

我有一次在银行里等号时，看到保洁大姐挥舞拖把在大厅里追杀一只白额巨蟹蛛。那只蜘蛛被逼到墙角时我挺身而出，用最少的字给大姐解释了它存在的理由。大姐表示完全理解，但是也指出，如果她今天放过这只蜘蛛，明天就可能会失去这份工作。于是我默默地坐了回去。

我们把蜘蛛八只单眼的排列方式称为眼式，它通常作为一个科级特征，当然也有少数种类蜘蛛的单眼更少，直至无眼的洞穴蜘蛛。巨蟹蛛科的眼式大体呈两条直线，前面四只差别不大，像一串佛珠的片段，令人印象深刻。这只华遁蛛美中不足之处就是右侧第四步足的缺失，这可能是它为了保命而采取的自切行为。在腿节基部靠近转节的地方有一个特殊的结构，可以瞬间切断并封闭伤口，就像壁虎的尾巴一样。有些蜘蛛的自切口在膝节，它们以为这是只有自己才知道的秘密。不幸的是，蜘蛛的天敌也知道。

夜观刚开始时，三十多人都挤在我身边。但很快大家就找到了自己的乐趣，开始以小分队形式活动，只在觉得有了不起的发现的时候才使劲呼唤我——大自然本身胜过任何语言。我也独自享受夜晚，并慢慢落在了队伍的末尾。忽然，前面的小朋友齐声高喊起来。我以为自己又派上了用场，赶紧一路举着手电筒跑过去，快靠近了才听清楚，原来他们在喊："关灯！关灯！"

萤火虫登场了。

虽然数量不多，但足以让所有的人兴奋。黑暗中，雄性萤火虫沿着溪水上行，通过控制腹末的两节发光器的明灭，它们用瞬闪和长亮发出类似摩尔斯密码的本种特有的光信号。躲藏在草丛中的雌性萤火虫观察到同种信号以后，会发出雌性信号回应，帮助雄性导航，降落到自己身边。

一只萤火虫沿着山路向我靠近，我下意识地伸出手掌，居然真的把它拦在了手心里。皮肤的反光让我看清它瘦小身体的轮廓，它探索这个忽然出现的障碍物，然后在指缝找到出口，继续去寻找自己的爱情。

我拥有了它几秒钟，非常美妙的几秒钟。

旧大陆的雄性萤火虫比较幸运，它的密码本只有配偶可以识别。但是古往今来，信息都是战争的重要部分，在现代战争中更是起到决定性的作用。任何信息严重不对称的对抗，最终都演变为屠杀。

在北美有一种可怕的女巫萤，破译了另外几种普通萤火虫的密码本。它观察到某种雄性萤火虫的光信号时，就会发出该种雌性的信号。当对方兴冲冲地降落准备步入洞房时，等待它的却是血盆大口。

模仿猎物，诱而击之，被称为攻击拟态——学好外语，这是个杀手锏。

山里的天气阴晴不定。第二天偶有小雨，孩子们去玩水，我开始单飞。民宿斜对面的停车场边上有一棵巨大苍老的旱柳，树干被厚厚的苔藓所覆盖。一群中间红两头黑的大型蚂蚁在突出地面的树根处的巢穴口来回奔波，清理卫生。树根旁边有台阶通往小溪，蚂蚁们叼着垃圾和同伴的尸体，往下爬两个踏步，然后利索地扔到第三个踏步下面。可能这里就是它们王国的边界，边界以外都是垃圾场。

这些体长一厘米的叶形多刺蚁身如其名，背上总共有四对突刺。前三对分别指向前方、两侧和后方，而最为夸张的第四对形成一个尖锐的

弯钩，就像鱼钩一样。恐怕任何有喉咙
的动物看到它们的样子都不想尝试吧。

　　树干上还有另外一种小型蚂蚁也在忙
碌，是体长不足三毫米的厚结猛蚁。因为二者的
体型悬殊，在生态位上并不重叠，所以大家相安无事。厚结猛蚁正在搬
家，每只小工蚁的嘴里都衔着东西。从肉色的蚜虫，到比蚜虫还小的青
虫，还有小到看不出来的食物碎片，再到因为不认路而需要被同伴全程
抱到新家的另一只蚂蚁。但是这里面最金贵的东西，是那些被小心衔在
嘴里的白色小颗粒，这是蚂蚁的卵和幼虫，它们承载着蚁巢的希望。

　　蚂蚁搬家有很多原因，总的来说是为了趋利避害。有时它们会搬去
新家，但更多的时候是在辖区的不同巢穴之间来回倒腾。我们打小就听
说蚂蚁会在下雨前搬家。的确，它们经常这么干；不过即使雨已经下得
很大，它们还在搬；雨下完了它们也在搬家；如果你去夜观昆虫，会
发现很多蚂蚁在摸黑搬家。

看起来蚂蚁可以在任何时候搬家，但是它们绝不会顶着大太阳搬家。它们选择的这些时机有一个共同点：容易保持水分。它们娇嫩的卵、幼虫和蛹抵抗不了烈日的暴晒和干燥的气流。

午后转晴，我出门去村头另一个方向采风。还没走到山路，身上就已有微汗，这常会吸引昆虫来吸食以获取盐分。食蚜蝇和一些小型蜜蜂会表现出极大耐心，它们对我的手指非常执着，可以不离不弃地跟随半小时以上。以至于我操作相机的时候要先看一看它们待在哪根手指上，免得不小心给捏死了。今天这只食蚜蝇即使被我粗暴地赶走，它也会马上飞扑回来，真是拿它一点办法都没有。为了保护这位精致的小旅伴，我索性挂起相机，托着它一起看看风景。食蚜蝇吸到畅快，甚至把一根后腿翘了起来。

粗糙的石壁上，一些行动迅速的小虫时不时停下来，慢慢摇动尾须，装作一个东张西望的假头。这是石蛃目昆虫，它们跟家里身披银色鳞片的衣鱼很相似，身后的体节上有一些突起，显露出昆虫的祖先由多足类演化而来时那些腿的遗迹。石蛃和衣鱼原来属于缨尾目的两个亚目，后来它们自立门户，成为石蛃目和衣鱼目。它们的躯干也都是略扁的，不过衣鱼是横扁，像一巴掌拍扁在墙上，而石蛃是竖扁，是被双手合十拍扁后的形状。此外，石蛃有一对大大的复眼，像一只微型的皮皮虾。

石蛃目是最原始的无翅昆虫，比它还要原始的三个小目已经从昆虫纲分出去并且各自提升为纲，不再属于狭义的昆虫了。石蛃并不常见，但只要见到就不会只有一只。它们喜欢呼朋引伴从阴冷的栖息地里爬出来，等晒够太阳再回去。

所有的博物学爱好者，都绕不开一个情结：加新。就是在自己喜欢的类群数据库里增加一条新的记录。有些人要采集到标本才算加新，有些人用自己的眼睛看到就算加新。对我来说，得是用相机拍到的才行。昆虫爱好者的每一次采风都在给自己的数据库增砖添瓦。虽然个人妄图拍摄一个地区所有昆虫的想法绝对是蚍蜉撼树，但是有生之年能加一次算一次。

加新可以是一个种，也可以是属级和科级。我在此前从未拍到过石蛃，所以这是一个目级加新！昆虫纲总共就30个目左右，其中约20个都挺常见的。人生能有几次目级加新呢？所以这几只其貌不扬的小虫子就足以让我觉得不虚此行了！

线蛱蝶的末龄幼虫摆出拟态姿势，在石缝里长出的金银花叶子上休息。它身上长长的刺枝让人很难想到这是蝴蝶家的宝宝。

　　另外一只幼虫赏脸给我个正面，鬈髯刚劲，一串单眼隐于满脸的坑坑洼洼之中。而第三只褐色型幼虫刚完成蜕皮，它把脑袋从光秆儿下面伸出来倒着看我，颇为调皮。

　　在石壁和植物之间，一个橙色的影子在灵活前进。高频挥舞的触角表达了这只蛛蜂的兴奋心情。它身下抱着一个灰色的大包袱，却丝毫没有显出吃力。那个可怜的牺牲品额头上露出来后眼列中的三只单眼，它们透露出绝望的神情，并揭示了巨蟹蛛科的身份。

　　由于蜘蛛的大长腿在搬运过程中极为碍事，后期还可能因为抽搐而伤到蛛蜂宝宝，蛛蜂母亲在蜘蛛自切的部位切割，轻松去除了羁绊。本来是用于弃腿保命的设计却为天敌提供了方便。

　　微观世界的天敌，有时候攻守双方的武器装备并无优劣之分。它们只是建立在信息不对称基础上的两个物种。猎手知道何时、何地、以何种方式对猎物发动攻击，也懂得避其锋芒，而猎物对于反制手段却知之甚少。如果我们把巨蟹蛛的大长腿脑补上去，在体型方面蛛蜂完全不是对手。而且蜘蛛的毒牙要比蜂类的螫针更具攻击性。但是作为天敌的蛛蜂，对蜘蛛的身体构造比对自己的还要清楚。它知道怎样躲避对手的进攻，以及怎样撂倒它。我们在讨论战争史的时候经常会谈及"假如"这个词。假如有朝一日人类对这两种虫子的神经系统进行干预，把信息互换，那么胜利的天平会马上调转方向。

战争没有假如，我们也不希望生物界有。蛛蜂带着猎物在叶片间闪转腾挪，很快消失在石缝中，那里是它事先选定的育儿巢穴。

继续前进，我发现了抱住草秆的黑色蛾子，它非常立体，像一座金字塔矗立着。正当我开始构图之际，一个路过的村民问我在干啥。我沉浸在新发现的快乐里，并且急于同人分享，便马上告诉他这里有只好玩的虫子。

这位村民弯腰看了看，然后忽然伸出手，以迅雷不及掩耳之势，"啪"的一下把蛾子打飞了！然后，他以一种把我从危险境地拯救出来的得意神情瞧着我："现在没有虫子了！"

这件事情给我一个教训：永远不要把还没拍的虫子指给路人看。

不过，在接下来的几步之遥，我的失落就得到了补偿。先是看到一只休息的金龟子，它的两根鳃状触角就像两个卫兵，左边胆子大，右边胆子小。我刚一靠近，右边触角马上怕得缩到了脑袋底下，而左边触角则完全不在乎。甚至当我的手指伸过去的时候，它也面无惧色，一边讥讽懦弱的同伴，一边把右后腿动员起来准备踢我。只在我大力按压金龟子屁股的时候，左边触角才不情愿地缩进去暂避风头，而且在我力道稍减时立刻冲出来。

金龟子旁边的叶子上有一小团垃圾，是那种包含了各种材料和形状的没有经过分类的垃圾。但是这个堆放方式太典型了，我一眼就看出它是疣蝽属的虫子扮的。

这是一只蛾眉疣蝽，背上有四个突起，边上的两个十分小，中间的则构成了一对下门牙。它和两年前我在校园里遇到的峰疣蝽是近亲。

　　拟态鸟屎的虫子有个神奇的特点：它们看上去是湿漉漉、黏糊糊的，但那都是质感的特效，伸出手指一摸就知道，它们实际上干燥、坚硬、清洁。

　　小营员们在竹子上找到了曲纹黛眼蝶的三龄幼虫，它已经在竹叶上吐丝铺床，这给它家的安定感。所以它在连同竹叶被带回住处的过程中也并不慌张，只当邻居装修的动静有点大而已。

　　当我转动竹叶时，幼虫慵懒地舒展自己颀长、丰腴的身体，抬起头环顾四周。两根长长的臀棘还惬意地搭了个二郎腿。

　　古典时期的很多油画都这样从后背表现女性的美，比如安格尔的《大宫女》。

　　黛眼蝶幼虫的单眼也极有特点。一道黑色的斑纹把它们连接起来，形成神似猎豹的"泪腺"特效。最下方的一对单眼就像滚落的黑色泪珠，但幼虫高昂着头壳说道：

　　"要微笑面对生活呀！"

相聚天目山

　　每年暑假是天气最炎热，也是昆虫最繁盛的时候。对杭州这种经常入选"四大火炉"的城市来说，白天在市区的绿地和植物园待久了就会有中暑的危险。我在植物园的观虫活动都转向了夜间，但是此时高海拔山区相对还比较凉爽。中国昆虫学会的分类区系会议通常在全国各个背靠保护区的城市之间轮转，2019年7月下旬，终于来到杭州举办。作为没有课题资金支持的爱好者，这样就可以省下一笔对我来说不菲的差旅费，每天还可以回家检查杨蛙蛙的暑假作业。

　　我拜会了神交已久的各分类阶元的与会专家学者，认真学习了每一场学术报告。三天的会议结束后是另一个重头戏：天目山采集活动。严肃的科学行为必须以标本而不是照片作为研究对象。

　　天目山位于杭州主城区以西100公里，属于临安区。它是世界生物多样性的热点地区，也是各种农林专业生物学野外实习的重要基地。参与采集的人员临行前在会场通过面对面建群，我因为过于兴奋，抢在第一个输入了数字从而成为群主，并且打定主意坚决不肯让出这个虚职。

　　同行的一百多人拆成山上组和山下组。早饭后，山下组整装待发。我们拉成长长一队走在山路上，每个人都带着自己专业称手的家伙什儿。就捕虫网来说，最短的只有一个手柄，用来扣近在眼前的目标昆虫，网口还可以8字折叠后塞进裤兜，就像古代的腰里剑；柄长一米多的网用于来回扫草丛和小灌木顶端惊飞的昆虫，属于广泛使用的长刀；队伍最前面的两位高举抽开后柄长4米以上的扫网，它能够到树冠，还可以兜住飞行昆虫，俨然一杆方天画戟，也像我们的军旗。有些人则携带真正的冷兵器，比如用来劈开朽木的铁钩和短斧。我们更像是狂欢节的游行队伍，这是一个美好的开始，我有两节备用电池，存储卡也足够大，我走起路来意气风发——这就是幸福的感觉！

忽然间我想起来一个要紧的问题，因为膝盖不好，我平时的垂直爬升能力只有50米，于是就问带队的浙江农林大学的龙承鹏博士："今天我们大约要爬多高呢？"

"1000米左右。"龙博士轻松地回答道。

我不作声，开始地默默记忆路线。我们通过严格的入口安检，走了一段漫长的上坡路以后才来到所谓的起点。这条路线每隔一百多米的高差有一座单数名的亭子，从一里亭、三里亭，一直到九里亭。我磨磨蹭蹭到了队伍的最后，让他们回来的时候叫上我。

停在宽大竹叶上的双尾蛾给我展示了一种新的蛾类轮廓线。它的前翅像宽大的袖子，袖口以云纹镶饰，后翅外侧接近平行，内侧呈立体褶起，并且内外两侧花纹明显不同。双尾蛾展示了一整套汉服的穿搭。

咬牙来到一里亭后，我心里合计了一下：要是从这里就打道回府的

话，讲出去也太丢人了，干脆爬到三里亭，大不了今天不过了！

　　亭子近在眼前时，我在路边草丛看到一只大个儿的广翅蜡蝉若虫。它看上去步履蹒跚，因为背上有一只几乎同它一样大的寄生虫：蝉寄蛾幼虫。它们通常寄生大型的蝉科成员，想不到连这么小的蜡蝉远亲也不放过。蝉寄蛾幼虫身披厚厚的蜡粉，看上去就像个面团。这是末龄幼虫的特征，它也许快要离开蜡蝉若虫去找地方化蛹了。体外寄生不一定会造成寄主的死亡，希望它某天晚上安静地离开，等蜡蝉若虫一觉醒来，如释重负。

　　我在亭子里卸下双肩包，让后背透透气。这时候山下大步走来一个挎着单反相机的小伙子，整个相机都裹了迷彩贴布，镜头前是加长遮光罩，没有外置闪光灯——这是一位自然光摄影者。小伙子来到亭子，直接脱了个赤膊，然后把短袖T恤上的汗水拧到路边的石沟里。

　　一只小灰蝶从远处飞进亭子，看上去要落在我身边的座椅上，我赶忙抓起手边的相机，做好准备。"莎菲彩灰蝶。"小伙子在我身后几米说道。我大吃一惊，这个人居然可以给飞行中的灰蝶定种！我放下相机和他聊起来。这个叫框框的小伙子是浙大城市学院本科三年级的学生，和我一样也是爱好者。

　　路过的苔娜黛眼蝶被我湿透的工装裤所吸引，停下来吸汗。我在额头上抹了一把，将它轻松引上手指。框框说这是新羽化的个体，因为它翅膀外的一圈缘毛非常完整。它们会随着蝴蝶的活动而脱落，变得稀疏。

　　我感叹后生可畏。一转头，亭子的石柱上刚好趴着一只唇形孔蛛。于是我自信地说："我来介绍一下这位朋友……"

框框拍摄了路边的几只蝴蝶后继续上行，而我的膝盖已经开始喊冤，只得就此下山。我们并没有交换联系方式，蝴蝶并不是我最感兴趣的类群。当时我并不知道他叫框框，也不知道他拍摄的天目山蝴蝶已经超过230种。不过我知道跟我同去的果丁和儿子其其正在上头的五里亭避雨，同为蝶类爱好者，果丁是不会放过他的。果然，到了吃晚饭的时候，我就获得了所有的信息。

第二天我们去天目书院周边采风。去时走禅源寺东侧山路，回来走西侧车行道。我在红色的寺墙上看到两种不同的蠼螋，尾铗都十分威武。蠼螋是革翅目昆虫的统称，分布很广泛，一般生活在隐蔽的地方。尾铗是它的重要器官，兼具防御和捕食的功能，进食的时候还可以当筷子使。生活在室内的蠼螋会捕食小蟑螂，城市绿化区域也常见，不过大多数尾铗短小。在野外才能见到有着各种夸张尾铗造型的种类，颇有人类冷兵器时代的风范。蠼螋防御时会把尾铗向前举过头顶，所以它有一个灵活的腹部；翅膀不能碍事，因此它的革质前翅非常短，后翅折叠后收到下面。这一点同隐翅虫非常相似。蠼螋也可以用尾铗来整理后翅，这可比隐翅虫的肚子好用多了。实际上如果不看尾铗，它们的身体非常相似。有一点比较容易区分，隐翅虫的后翅是多次折叠后完全收于前翅下，蠼螋是原始的有翅昆虫，后翅就像折扇一样进行了一次对折，并且对折后的长度比前翅还长一点，所以那个加厚变黑的后翅对折部位会露出来，就像从短款马甲下面拽出来的衣襟。

　　一只金蛛把自己的大网架在蒲葵宽大的叶缘上，本来它应该用浓密的丝编织空心"X"形的装饰丝带（也叫隐带），不知为何只偷懒搞了右下角的一点点。关于丝带的作用目前尚无确定的结论，它可能具有多种用途，比如反射紫外线从而增强对昆虫的吸引，成为身体的延伸以便转移天敌的注意力等。我更倾向的解释是标示网的位置，防止鸟类误撞。有研究人员对某区域内的大量金蛛网进行实验，把它们分为去除丝带组（A组）、去除丝带并换成小纸条组（B组）以及未做改变组（对照组）。通过连续多日观察并对比这三组蛛网被飞鸟撞破的几率，研究者得出了可信的结论。蒲葵叶子并不是一个适合鸟类飞过或者停歇的地方。这或许可以解释为什么这只金蛛的丝带点到即止。

　　大型蛛网的捕食效率很高，难免遭人惦记。在金蛛身后一尺的地方，球蛛科的拟红银斑蛛随时准备吃一顿霸王餐。它会把小型猎物偷偷转移到自己的临时网上，如果是大型猎物，它干脆跳上去一起吃。

　　山路的边界有时候会比较模糊，在靠近溪水，附近山坡经常发生渗流的路边，湿润的泥土和石子混杂在一起。我在此休息时，一只壁泥蜂飞来取它的建材。它有着极为细长的黑色腹柄，"细腰蜂"这个词儿放在它身上真是合适。它先在几米的范围内挑拣了一番，然后选定地点开始搓泥丸。这类昆虫在专心干活的时候，完全不在意边上的人类观察者。它用中后足站立，上颚朝着自己的方向刮泥，然后用前足把泥巴拢成泥丸。如果尺寸还不够，就挪动一下位置再来一遍。泥丸像滚雪球一样越来越大，而附近的泥面上则留下了它上次操作的细密的上颚刮痕。随着头部贴着地面向后刮，腹部仿佛为了平衡重量一般，高高举起向前撅。实际上它的身体绕着中后足基节的位置旋转，等到泥丸做好，几乎是一个倒立的姿势了。也许是这里的泥巴湿软，它的速度出乎意料的快，十几秒就搓好了一个，然后抱着飞走了。

这种把加工后的建材一点点砌筑到工地上的方式，我们称之为增材建造。蜾蠃、泥蜂、蛛蜂中的部分种类会采取这种方式建造育儿室。它们搓泥丸以及后面的泥条盘筑手法都一样，但建筑风格各不相同。其他种类则采取减材建造的方式，也就是通过挖洞把不要的部分丢出去来创造空间。老子在《道德经》中所述"埏埴以为器，当其无，有器之用；凿户牖以为室，当其无，有室之用"就是对此的精辟解释，只有"空"才有"用"。还有少数种类这两种方式都不会，它们只能利用其他物种留下的现成洞穴。

路边的电灯柱上，粗心的枯叶蛾母亲留下了一堆卵，它们排列成一个好看的水滴形。有一只黑色的小虫正在边上转悠。

平腹小蜂属所在的旋小蜂科，不同种类之间翅型差异较大，有长翅型、短翅型以及无翅型。即使是翅膀能遮住腹部的长翅型，也都是紧贴身体背部，并且按照俯视时身体的轮廓线来分配翅膀上黑色和透明的区域。这使得它们怎么看都像一只蚂蚁。我经过仔细辨认，才看出来灯柱上的这只属于短翅型，翅尖仅仅超过胸部一点。平腹小蜂绕着卵块转圈，当它走到水滴尖尖的一头时组成了一个胖胖的惊叹号，又仿佛是要拽着一堆气球去做环球旅行。

这些卵的深浅略有差别，无论是形状还是颜色都像极了刚出炉的芝士蛋糕。面对这一堆可口的食物，平腹小蜂该如何选择呢？它爬上卵块，用触角检查了一番，但是并没有做出蜇刺的动作，而是离开了。

第一种情况是，它来晚了，卵壳已经硬化；我希望是第二种情况，即它已经完成了寄生。不管是无翅型还是短翅型，它们都无法飞行，只能靠跳跃来快速移动。这种体长只有2毫米的小虫靠走路在广袤自然里找到一堆适合寄生的卵，简直比去西天取经还要辛苦。

我沿着山路一直走到保护区管理局，它的对面有一片包含篮球场的空地，很多人在这里采集。这里也是晚上灯诱的地点之一。

来自延安大学的苑彩霞老师从事树甲分类研究，她根据经验判断空地边堆放的朽木里有它们的幼虫，正用一把截骨刀撬开朽木寻找。她这次来没有带研究生，需要自己把这些朽木背回陕西，把幼虫养到羽化。

榔榆的新苗只长到一人高，几只斑卷象散布在上面，它们是红底黑斑的配色，鞘翅中央的黑斑位置有一对圆形突起。这种警戒色很引人注意，过了一会儿我才发现榔榆的枝条上挂着不少已经卷好的小粽子。并

且，我找到一只正在劳作的：粽子卷了一半。卷象是昆虫界的建筑师之一，它们会对叶片基部进行适当切割，然后从叶尖开始把整片叶子卷成一个密实的小粽子，每个粽子里产一粒卵。终于可以亲眼观察这个著名场面了，我激动得一直往前凑，结果柔光板打到了伸过来的叶子，卷象惊飞了！我懊恼不已，期望它不要轻易放弃自己的劳动成果。我在原地等了10分钟它也没有回来，走去相邻的一棵榔榆，马上就看到它了。我认得它，是因为它的左右鞘翅上各有一只红色的螨虫。这里的螨虫肯定刚刚经过一轮暴发，它们叮在附近的各种昆虫身上。卷象在叶片间不断换地方，不时飞走又回来，如此往复，但就是不听我的劝告回去干活。

　　篮球场后面，山脚的凹地被村民开发成小块的菜地，一块番薯田吸引了甘薯腊龟甲来此繁衍。我看到一只成虫静静地蹲在垂序商陆的叶柄上思考虫生，这不是龟甲建立防御的好地方，但却是个拍摄艺术照的好地方。我的靠近也只是让它略微转了个角度，并且令构图更棒了。它的背上还有一只小飞虫，它太小了，就像是龟甲携带的宠物一样。这个场景并没有看上去的那么美好，我刚好撞见了另外一种更复杂的寄生策略：携播。

　　携播一般指的是小动物搭乘大动物的"顺风车"转移和扩散。很多不会飞的小虫子通过搭乘有翅昆虫，极大地提高了自己的行动能力。而卵寄生蜂可不仅仅是搭乘。对它们来说，重要的是找到刚产不久的卵，越快越好。因为卵壳硬化以后就具有了一定的防御力，寄生困难。但是对于微小的寄生蜂来说，这世界如此之大，找到新鲜的卵谈何容易。于是它们中的一些种类转换思维，从根本上解决了这个问题：搭乘一只待产

的雌虫，以逸待劳。

如何判断雌虫已经怀孕并不重要，大多数昆虫的雌性比例较雄性低，它们受孕的概率很大。寄生蜂只需要待在雌虫的身上，走到哪儿跟到哪儿，早晚会有雄虫前来求偶、交尾。如果寄生蜂搭乘的是一只雄虫，也只需要在对方交尾的时候换乘即可。雌虫最终会载着它去挑选自己未来宝宝的出生地，它产卵的时候这个小间谍就会跳下来，把它所有的梦想全部戳破，化作寄生蜂的现实。

我始终在等卷象回到它的工作岗位，不敢离开空地太远。一个多小时过去了，天空飘起小雨，而且越来越大。我无可奈何，在别人的催促下，赶紧往两公里以外的民宿跑。不用说，我几乎被淋成了落汤鸡。

卷象的孩子躺在舒服的叶粽里，不惧风雨。在外层叶片的保护下，里面的叶子在幼虫吃饱化蛹前一直保持新鲜。卷象制作一个叶粽需要近两小时。母亲的辛苦付出，只为换来孩子的衣食无虞。

传奇工蚁的冒险

—

　　9月，为了解开一个去年的疑团，我去小和山寻找答案。此举无异于大海捞针，但我是一个更注重路上风景的人。转到山前道路，一辆渣土车在路上慢悠悠地行驶，远处听到挖掘机的轰鸣。小和山脚下的老年福利院在进行二期工程的扩建。外围的山体被削去了一小部分，施工场地停在了国家森林公园的入口前面几百米。我把车停在入口处的停车场，然后步行返回工地处作为起点。

　　在唇形科植物叶子上欢快织巢的野螟幼虫显然没有受到施工噪声的任何影响。它就像戴了耳机的DJ，左右摇晃自己的脑袋，用丝把叶片两端的锯齿边缘连接起来。这是在此迎宾的第一只虫子，它的满心愉悦也感染了我这个睡眼惺忪的访客，跟着它兴奋起来。

但是当我凑得太近，便让幼虫认为来者不善，马上把探出去的身子缩回来，趴在叶子中心不动。这在我们看来一点用处没有，除去那几根细到看不见的丝，它其实就是完全暴露的。不过在自然界，一动不动是最好的自我保护。一开始我其实是被它那忘情的摇摆吸引过来的呢。

我以极缓慢的速度向上行进几十米以后，又杀了个回马枪去看它。时间过去了20分钟，这家伙已经掉过头来编织丝巢的叶尖部分，依然是那么欢快。我拍摄手机视频，用不引起它警觉的速度缓缓靠近，这时候，一只蜜蜂大小的黑色飞虫从旁边经过，就像小行星和地球擦肩而过。它们最近的时候距离也有一尺远，但是幼虫又瞬间"归位"了。

你可能会嘲笑鳞翅目幼虫那几对分辨率只有几像素的单眼，它们几乎看不到任何图像。但是通过判断光影强度的变化以及到达每个单眼的时间差，它们能够对快速移动的物体迅速做出反应，敏感程度超出我们的想象。

草丛和低矮灌木间结满了皿蛛科的空间网。它们中间最成功的盖蛛属，用细细的丝结出以半球形为基础的网，有些开口向上如碗状，有些开口朝下，为覆碗状。

路边的毛石挡土墙上有一张开口向上的网，右边外侧粘着一只没有任何特点的灰白色螟蛾尸体，待在网内偏左位置的主人很小，小到我不打算拍摄。就在我即将和这张略显残破的网擦肩而过的时候，我注意到螟蛾边上有个鬼鬼祟祟的黑影。起初我以为那是另一种蜘蛛来盗食，这在蜘蛛界很常见。我不情愿地瞥了一眼，那居然是一只……蚂蚁！

是一只体长不超过2毫米的大头蚁属的工蚁。我仔细观察，确认这只微不足道的昆虫并不是在蛛网上挣扎。它掌控着局势，正在处理困住螟蛾的那些丝。

我不知道这只大头蚁是怎么来到蛛网上的。空间网比常见的平面圆

形网要细密得多，它们通常没有黏性，因为靠丝本身的密度就可以钩住昆虫身上的刚毛，让它们无法脱身。这只工蚁很小，它只要站位合适，就不会被皿网缠住。

因为不是飞行昆虫，工蚁从上方接近的方式只能是风吹，或是在头顶的树叶上遇险时跳下来。无论何种情况，只要它进入皿网内部，就一定会被体型占优的盖蛛干掉。如果它运气比较好，主人正在进餐，或者它的虚张声势唬住了主人，暂无性命之虞，那么此时工蚁首先要考虑的应该是怎么尽快脱身，而不是在这里心安理得地偷人家的蛾子。

另外一个方式，就是顺着外围的稀疏结构丝爬上来，这些丝依然没有黏性。总之，眼下工蚁的目标很明确：它想要这只螟蛾。与它的常规采集行为不同的是：原路返回几乎是不可能的。

接下来发生的事情简直难以置信。若不是我亲眼所见，而由别人来讲述这个情节，我一定以为他在夸大其词。

从蜘蛛网上偷东西需要极高的技巧和运气。要按照一定顺序快速准确地解除每一根束缚丝和猎物的关系，不能惊动主人，更不能把自己困在网上。简直就跟拆定时炸弹一样。蜘蛛目的一些小型种类专门寄居在大型蛛网上，因为它们自己也会制造丝，所以对于这种操作得心应手。到了昆虫纲，难度一下子增大，即使蝎蛉这样的专业选手也有翻车的时候，反而让自己成了猎物。

大头蚁的食性较杂，但它们肯定很少跟蜘蛛抢食。或者说，具体的操作步骤并没有写入它们的基因。然而，这只工蚁表现出的训练有素的行为令人吃惊。

螟蛾的头部已经缺失，右前翅也同身体脱开，它可能是盖蛛吃剩的猎物。散落在附近蛛网上的鳞片表示它曾经挣扎过。我来到现场的时候，螟蛾尾尖连同两翼有三个固着点同细密的皿网接触，无论按照什么顺序切断这三个点的蛛丝，都会令螟蛾以剩下的一个或两个点为轴向下偏转，重新挂到皿网上。虽然到了皿网最底部，它就会掉下来，然而那下面是稀疏但错综复杂的结构丝，更难搬运。

盖蛛正在进食一只灰色的蚜虫，暂时顾不上这边。行动的第一步，是把螟蛾从皿网转移到外围的稀疏结构丝上。它有足够的力气摆弄这个尸体，就像摆弄一个四面体一样，一顿眼花缭乱的操作以后，成功把螟蛾的脖子抵到了结构丝上。然后它以螟蛾的躯干为轴旋转它，增加脖子和结构丝的纠缠程度，成为新的固着点。接下来，工蚁切断螟蛾翅膀同皿网的联系，顺着螟蛾的身体爬到结构丝上，然后再以颈部的固着点为圆心旋转，这样螟蛾就同皿网脱开，贴在了外围结构丝形成的稀疏网的内部。

第二步，工蚁利用结构丝上较大的空隙，配合万能的旋转大法，将螟蛾转移到了稀疏网的外部。

第三步，工蚁继续调整螟蛾的位置和姿势，让它翅膀收拢，腹面朝上。这时候螟蛾就像一条小小的逃生船，被仅剩的几根丝拉住。工蚁并没有咬断那几根丝，它果断地将所有的足松开蛛网，直接踩到了逃生船里面！

仅仅依靠这几乎可以忽略的动能的冲击，最后几根丝竟同时断裂！螟蛾小船解除了蛛网的束缚，坠向地面！我简直不敢相信自己的眼睛，这剧情堪比谍战大片！

蛛网下部的挡土墙高约一米二，有10度左右的倾角，逃生船降落在半高的陡峭斜面上，而没有掉进底部的排水沟。只不过降落的最后关头，我们勇敢的特工没有系紧安全带，掉在了距离"飞船"一尺远的地方。这对于微小且视力不佳的二维生物来说实在是个大麻烦。

我唏嘘工蚁的功亏一篑，然后回去打量蛛网。刚才的挣脱瞬间可能动静大了点，盖蛛松开了它的蚜虫，到右边查看情况。不过现在什么情况都没有了，于是我再次弯下腰，去找那只螟蛾。就在这短短的一分钟，勇敢无畏的工蚁居然已经找回了战利品，正在疯狂赶路！

这附近也有不紧不慢游荡的其他大头蚁工蚁，不过我很确定眼前的就是刚才那一只。因为它显得心急火燎，就好像因为短暂的失误耽搁了时间，现在要拼命弥补。它的动作非常快，很老练地越过障碍物，兴奋程度明显比普通工蚁要高一个级别。我一路目送它走完半米多高的垂直面，然后向着草丛深处进发，很快就消失在视野中。

这可能就是威尔逊所说的，占每个品级蚂蚁数量1/10的精英工蚁，它们拥有更高的兴奋度，是各项重要任务的发起者。

今日的最高气温依然超过30℃，很快我就汗流浃背。不过这时候我已经来到停车场，便躲进车里喝水吹空调，好不自在。等身上干了我还不舍得出去挨晒，又磨蹭了好一会儿。直到我看到一只切叶蜂正抱着叶子找挡土墙上的小洞，我赶忙抢起相机冲过去。切叶蜂动作很快，它在我的闪光灯完成充电之前飞走了。

停车场周围是两米高的挡土墙，墙上面伸下来的竹叶中间，一张其他种类的皿网上方悬挂了一个蜘蛛的蜕，就像是网的主人留下的。我拍了张照片放大看，发现这是跳蛛的蜕。游猎蜘蛛的蜕怎么会出现在结网蜘蛛的网里呢？我开始捏着下巴思索。在我得出那个显而易见的结论（被风吹过来的）之前，在竹叶的左边，我看见了人生中第一条独自发现的竹叶青。

福建竹叶青是非常常见的蛇类，平时难以发现是因为它们的颜色真的同绿叶一般无二，我为了拍一段视频，再次从停车位边走过来时，都差点没找到。而且伏击的习惯让它们养成了安静的性格，不像一些追击型的蛇，人还离得老远就大惊小怪。

竹叶青属于剧毒蛇，但是因为它太小了，还没有我的小指粗。所以它的毒性乘以它开出的剂量以后，一般并不能造成致命的伤害。尽管如此，我也不想承受它造成的巨大疼痛。幸好我配的是一个中焦镜头，如果是个短焦镜头的话，我刚才拍摄跳蛛蜕的时候就已经碰到它了。

我想用一个长镜头从停车场外面一直推进到竹叶青，结果运镜时踢到了一只死去的丽叩甲，它非常完整，我把它捡起来装到管子里。

停车场上行不远是我此行的目的地，我仔细搜索了这里的一大片油点草，没有发现目标物种，可能是时机还不成熟。但今天的收获已经很大了，它们环环相扣，就跟商量好了似的。

其中一棵油点草上挂了一枚琉璃蛱蝶的悬蛹。幼虫化蛹前几乎吃光了这株植物所有的叶子，但是保留了每片叶子最粗的主脉和部分叶肉。

严重受伤的叶子很快变成枯褐色，蛹的形态同它们非常相似，巧妙地隐藏其中。

凑近看时，这个拟态卷曲枯叶的蛹具有更多细节。最典型的特征就是背部的两对银斑。它们表面光滑，呈现金属镜面的质感。

蝴蝶的蛹裸露在自然中，除了坚固的蛹壁，没有其他的防御手段。因此防御的第一步就是隐藏自己，巧妙地融于环境之中。保护色是最基本的手段，很多蝴蝶可以根据环境决定蛹的体色，比如在绿色的植物上成为绿色的蛹，而在褐色的植物上成为褐色的蛹。

一些种类的蝴蝶（多见于斑蝶）蛹壳演化出极为光滑的金属质感，大部分甚至全部表面都用来反射环境映象。它们就像金属打造的进行了表面抛光工艺的艺术品，漂亮极了。在昏暗的环境下，这种蛹很难被发现。

另一些蝶蛹表面分布有小面积的金属质感斑块，它们可能通过模拟露珠来打碎身体轮廓。对于琉璃蛱蝶的蛹，我还有一种猜测。蝶蛹是立体的，拟态卷曲的枯叶。如果是一片曾遭虫蛀的枯叶，那是不是就更完美了呢？昆虫咬过的小洞会透射天光，蛹体无法演化出真正的孔洞，于是它们用局部的高度反光来进行视觉欺骗。

临走前，我最后去看望了野螟幼虫。经过不断地拉丝，叶片被卷了起来。幼虫切掉了尖端的一段，用丝挡住切口形成的半圆，这个丝巢应当是完成了。虽然它看起来乱七八糟的，但幼虫很满意，它趴在里面睡着了。

扇妩蛛的绊马索

—

进入10月，天气终于凉爽一点，可以穿普通长袖衬衣去采风，而不是不舒服的速干衣。虫子们开始为越冬做打算，没有夏天那么常见。但是只要经验够丰富，眼神够犀利，这都不是问题。10月是杭州最美的季节，也是我采风频繁的月份。一个舒服的天气比什么都好。

为了准备带艺术设计学院的同事和孩子们的观虫活动，我提前几天去植物园踩点。最近这里在举办园林艺术展，精美的花卉造景散落在各处。可能是为了照顾市民和游客的需求，地表灌丛和茂密的树枝被清理了很多，殊不知这直接降低了生物多样性。

这下子园内视野倒是开阔了，以前我经常迷路的区域，现在可以一眼望穿。没有了枝叶的遮蔽，植物资源馆旁边的几幢白色小房子显露出来，其中一幢门框的左上角是两只壁泥蜂的泥巢。不同于蜾蠃的球形瓦罐，壁泥蜂的巢呈长条形，开口大而圆润，像个热水瓶胆。靠里的巢室前端封闭，后面有个大的破口，说明里面的昆虫已经成功羽化。而外面这个一直保持未完工的状态，说明雌蜂在寻找猎物的时候遭遇不测。并且，从泥巢的颜色

可知，它至少从三个以上的地点选取建材。这完全没有必要，反而增加了路上的风险。

白房子前有一棵高大的朴树。离它几步远，一根比大腿还粗的紫藤斜斜地靠过来，它向上摸到了朴树位于三米多高处的第一根主枝，缠绕上去，然后在空中肆意铺展，分枝甚至搭到了房顶上。然而这附近乔木的树冠非常浓密，紫藤得不到足够的光照，我从来没有见它开过花。

在朴树和紫藤形成的三角形空间里有一张不完整的网。一只胖乎乎的灰色蜘蛛靠近右边朴树的树干，挂在网的横向结构丝上。这个位置和姿势似曾相识。我顺着结构丝往左边看，赫然发现，这是一张扇形网！我的心怦怦直跳，这难道是纪录片里的那种蜘蛛吗？

处于防卫姿态的蜘蛛会把步足收拢，呈现各种奇怪的形状，总之就是不像一只蜘蛛。我正担心它只是一只普通的园蛛时，它的后足开始做一个招牌动作，无可争辩地表明这是一只如假包换的扇妖蛛。

妖蛛科的第一步足非常粗壮，它们好像认为自己全靠臂力就可以控制住挣扎的猎物，不需要使用额外的麻醉手段。因此，妩蛛科的蜘蛛没有毒腺。大多数妩蛛织普通的圆形网，但是扇妩蛛属不走寻常路。

它们认为编织一张完整的大网费时费力，于是只选取了其中的几个扇区来施工，这通常会形成一张三角形网。我遇到的这张网是一个两格的扇区，大约有30度，也就是说，它的工作量只有圆形网的1/12。两格扇区的三根经线交汇后变成一根，连接到右侧的树干，扇区中间用稀疏的纬线填充，间距甚至超过蜘蛛的体长。

三角网刚刚织好的时候有些松散，弹性不佳。然后扇妩蛛爬到右边的结构丝上，回过头朝着网的方向，用前两对步足抓住丝的左侧不动，第四步足抓住丝的右侧并且开始往怀里拽。

它的第四步足左一把，右一把，有条不紊，一点点缩短结构丝的有效长度，于是这张网渐渐地紧绷起来。拽到怀里的丝在腹部形成蓬松一团，但是它们并没有缠绕在一起。这个过程中，扇妩蛛短小的第三步足除了抱住胖胖的自己，什么忙也帮不上。

到了最后几把，它还会前后拽几下，来确定是不是绷得足够紧，完

成了这一步，这张网算是准备好了。它就像一个弹弓，而扇妩蛛把自己变成了皮筋的一部分。接下来就进入考验耐心和耐力的阶段：等待。

我非常想从上方居高临下拍摄它的腹面姿态，无奈扇妩蛛所处位置太高，我双手怎么举相机都办不到。这时候心里就想，要是身边带着一个"梯童"就好啦。

普通圆形网的主人在网中央的等待过程是悠闲的，甚至可以打个盹儿。扇妩蛛既然要在织网环节偷懒，那就得靠自己的一把子傻力气来弥补剩余的工作。它看似不动声色地挂在网上，实则全身的肌肉都用来对抗因为网的变形而产生的巨大拉力。多数人都体验过长时间固定姿势负重后肌肉的麻木和酸痛，扇妩蛛的这种生存方式恐怕没人想体验。

我不知道它要等待多久，而留给我考察路线的时间可不多。于是我打算绕树一圈后离开。树干另一侧的瓢萤叶甲吸引了我的注意，我花了点时间来调试灯光。然后我注意到有几只姬蜂围着树干飞，它们在寻找树皮下面的寄主幼虫。

当我绕完一圈时，刚好有只姬蜂撞到了网上！猎物特有的挣扎方式通过右侧的结构丝传到了扇妩蛛的前两对步足上。它的第四步足果断地"撒手"了！

怀里储存的那团丝的冗余长度被释放出去，整张网在一瞬间崩塌，姬蜂周围松垮下来的丝全部向它身上抛去！

接下来，扇妩蛛要踩着这张软绵绵的破网，施展轻功水上漂的功夫，第一时间赶到猎物位置并且制服它。但是这次它不走运，姬蜂的体型很大，它撞在最远端的位置，并且束缚的丝量并不多，赶在扇妩蛛到来之前

就挣脱了。不过网的近端好像捉住了另外一只小到看不清的虫子，扇妩蛛赶过去把它认真打包，然后举着回到最初的守候位置开始进食。

现在这张坍缩后重新拉开的网大部分丝都纠缠在一起，对飞虫的拦截效率不及原来的两成。但是扇妩蛛并不打算修补或者重建，在进食过程中，它依然再次把这张破网一点点拉紧，大不了这次再多拽几把。它现在有足够的时间等待这张低效的网收获下一个猎物。

况且，虽然破烂，但它依然称得上是一张二维的网，曾经至少拥有过两格扇面。妩蛛科里面最极端的情况是，有些懒到家的蜘蛛仅仅织了一根丝，半片网都没有！

就靠绷着那根唯一的一维的绊马索，等待三维空间的飞虫撞上去。而它们居然都填饱了肚子，并一直生存到现在。

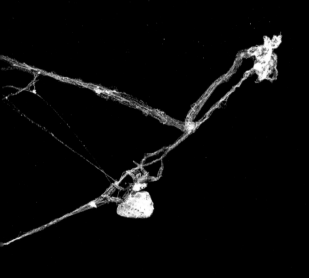

朴树上的真菌集市

——

10月中旬，杭州一直下雨。我找到了一天无雨的空当，直奔百草园。

美人蕉宽大的叶片给很多虫子提供了休息的地方。在与我的眼睛同高处的两片叶子搭界的地方，我看到一个熟悉的屁股。常见的大型蚂蚁比如双齿多刺蚁，屁股差不多就是这个样子，整体灰灰的，有一圈模糊的黑色。

这屁股的主人其实是一只蜘蛛。它模仿本地的蚂蚁，但是认为后者的画质不够锐利，还有改进的空间。于是它自作主张，进行了图像增强，呈现出一个更清晰，当然也更漂亮的屁股。这个行为青出于蓝，这个屁股过目难忘。

我们所熟知的拟蚁专家是跳蛛科的蚁蛛属。但是，既然拟蚁行为有诸多好处，就不能让蚁蛛属独占便宜。圆颚蛛类动员了三个科中的近十个属对蚂蚁进行不同程度的模仿。大多数的模仿可能比较粗糙，但是纯蛛亚科中的班布蛛属演化出了蜘蛛目中最复杂的拟蚁行为，蚁蛛在它们面前都甘拜下风。

我面前的这只严肃心颚蛛广布于长江以南。它的拟蚁能力属于中上水平，也会把第一步足举起来模仿蚂蚁触角，只是它没有蚁蛛那么熟练，假触角的挥动毫无章法。当心颚蛛行进时，看起来像是一只步伐慌张的蚂蚁。

大多数情况下，心颚蛛受到惊扰以后会采取"走为上"的策略，躲到叶片下，过会儿再翻回去；不过有时候它也会停在原地，把第二步足高高举起。这是蜘蛛目的常用恐吓姿势，但同时也粗略地模拟了一只蚂蚁的形象。

虽然严肃心颚蛛的假触角经不起推敲，但是它把假屁股这一件事情做到极致，就足以骗过大多数潜在的敌人。

一只长跷盲蛛正趴在一堆绿色的不明物体上大快朵颐。从这堆物体的形状以及旁边的一滴墨绿色体液来看，这应该是胡蜂在它上方的叶片上切割毛虫时掉下来的一块肉，被盲蛛捡漏了。从我进入植物园起，有着全黑色腹部的基胡蜂就不时出现，给它们尚在运行中的帝国的子民寻找食物。

盲蛛顶部的眼丘上有两只很小的单眼。我们称它们盲蛛，并不是因为它们看不见，而是它们走路的时候，超长的第二步足在前面挥舞，探来探去，就像盲杖一样。所以盲蛛能够很明确地感受到我的靠近，它马上后撤一步，准备溜走。

但是，眼前这块鲜肉的诱惑真的很大，盲蛛心有不甘。它把右前足搭在肉上护食，然后和我对峙。我俩就这样对峙了5分钟，盲蛛始终一动不动。其实虽然盲蛛的身体愈合成一节，可它的眼睛长在头顶，吃饭又不用低头，它完全可以一边吃一边和我对峙的。我知道我走开后它一定会继续吃，它也知道我知道这一点。这份食材正在慢慢变老，面子问题让盲蛛岿然不动。

我决定不管它，先去逛园子。半个小时以后我回来，它果然又趴在上面吃了。但这次它更警觉，我的相机刚端起来它就后撤了一大步。可能也差不多吃饱了，径直离开。

百草园收获不多，我开始走南边的返程道路。我站在枫香树下环顾四周，一只灰突突的蛾子飞过来，打算停在叶子上。当它找好落脚点，不再扇动翅膀的时候，忽地就不见了。

我走近以后重新找到了蛾子，因为它毕竟是我熟悉的胡桃豹夜蛾，我闭着眼都能把它的斑纹画下来。它一开始的消失，是因为这棵枫香并不完美，它遭受了真菌的侵袭，叶片上布满霉斑。看着这些黑点，我忽然悟出了一个道理。

出于人类的喜好，我们身边的植物受到了过多的保护，我们习惯于看到干净完整的叶片，没有任何虫子的咬痕和病毒造成的变色。我们努力在城市中创造这种完美的树木，但是在自然界，它们是不存在的。每一棵植物都要献出自己的一部分身体，把茎叶提供给具有咀嚼式口器的虫子，把汁液提供给具有刺吸式口器的虫子，为线虫、真菌和病毒的繁衍提供营养，同时获取其他物种的回报。这才是真实的自然，是亿万年来具有斑纹和斑点保护色的昆虫的演化环境。

没有一个物种可以置身生态系统之外。城市中极少数在严格的人工控制下的"完美"树木，没有把落叶反馈给土壤，没有用绿叶喂养我们不喜欢的虫子，也就没法通过虫子喂养我们喜欢的鸟和其他物种。它们对城市生态系统毫无贡献，还误导了我们对斑点保护色的想象力。

老鸦柿红彤彤的果子挂满枝头，有些熟透的已经开始腐败发酵，产生酒精和更多的糖分。蜜蜂的复眼看不见红色，但是蝴蝶可以。一只连

纹黛眼蝶被吸引而来，把喙管伸进发皱破损的果皮里吮吸。它会在吃得兴起时突然飞走，以极快的速度兜一大圈，然后准确无误地落回餐桌上。我在一边静静地看它如此表演了很多次，情不自禁地被它的这份快乐感染了。

吃饱喝足后，黛眼蝶摊开翅膀，尽情接受秋日阳光的沐浴。若是在春夏两季，它才不会这么慷慨展示翅膀背面的图案。

在靠近桃源岭路的绿都驿站附近，我远远看到一棵大树，一半的树干白得耀眼，像刷了一层石灰。原来是暴发的多孔菌（科），它们形成一床菌毯，把树干包裹了起来。

我们接触到的不同环境里，都充斥着各种真菌的孢子。它们无所不在，但是萌发的条件比较严苛。绿都驿站附近大约两个足球场的范围内的微环境特别适合这种多孔菌的繁殖。每年，我都看到白色的菌毯包裹这棵或者那棵树的树干，无论是垂危的树，还是健康的树。只要这一区域的环境不变，多孔菌就会年复一年地出现。

不同种类的真菌是自然界的重要资源，昆虫纲里有多个目会以科或者亚科的分类阶元单位来取食利用。真菌暴发后会紧跟着某种食客的暴发。我来的时候，这里的优势种来自一个低调的类群：半翅目的扁蝽科。

扁蝽因其薄如纸片的身体而得名。它们平时待在树皮下面取食其中的菌丝，几乎从不现身。为了采集它们，研究者需要去野外扒树皮。今天的多孔菌毯如此壮观，以至于扁蝽们无惧风险，纷纷跑到阳光下了。

扁蝽还有个特殊之处，就是它们刺吸式口器的口针平时卷曲在口腔的一个特殊空间里，虽然外面的护鞘看起来很短，但是口针完全伸展后会超过体长。我在一堆照片里仔细寻找，终于看到一只扁蝽伸直的口针，它细若游丝，可见部分超过体长两倍，没入另外一只扁蝽身下的树皮里。

大部分扁蝽都已经进入成虫阶段，它们有着不错的保护色，主要待在菌毯附近的树皮上。我首先无意中看见了三五只聚在一起，然后眼前豁然开朗，看到了它们数百只的群落。

此外，菌毯上还有一些游荡的食菌小甲虫。它们都是毫米级的体型，来自各种冷门小科，有些身上还载着更小的搭车螨虫。

为了寻找这些小不点，我的头发都戳到菌垫上了。风不断地把一些真菌碎屑吹下来，就像细小的雪花。当我掏出手机看时间的时候，其中一粒恰好落在了屏幕上，我仔细看了看，除了一团菌丝，还有一条微小的双翅目的幼虫，或曰：蛆。

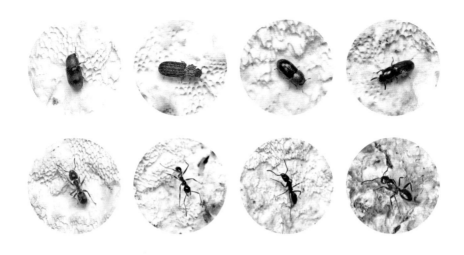

　　我望回树干，看到了跟刚才截然不同的残酷景象，或曰：真相。多孔菌自然形成的菌孔就像一个个胶囊旅馆，刚好可以供一条幼虫容身。虽然绝大多数菌孔都是空房间，但是考虑到它们巨大的基数，幼虫的数量应该在数千到上万的规模。它们将在不久后接过扁蟏的接力棒。

　　这是另一次毛骨悚然的豁然开朗。我赶紧跳到一边死命地拨弄头发。

　　丰富的幼虫储量吸引了各种各样的杂食性蚂蚁。它们从附近过来赶集，搜索菌孔，开心地把幼虫搬回家。除了小到无法拍摄的微型蚂蚁，我拍到了属于四个亚科的小到中型蚂蚁，其中前两种正在搬运货物。

　　多孔菌毯的边缘是散生的裂褶菌。它们属于伞菌科，也就是我们通常所说的蘑菇。自下而上从菌盖的反面看，它辐射状的菌褶从中间纵向裂成深沟，形成双线效果。这一特点让它比较容易被识别，也比较好看。

　　一开始，裂褶菌被多孔菌逼到角落里。它们稀稀拉拉，沿着树皮一路向上。在树干高度超过三米以后，裂褶菌群落终于占据优势。它们层叠勃发，边缘的绒毛被逆光勾勒出亮边，宛如祥云绵延。

　　树干部分还有一半没有真菌，黑黢黢的树皮从附生的苔藓下面露出来。一只猫蛛从底部爬上来，它翠绿的颜色特别显眼。当一条奋力赶路的"黑脉蛱蝶幼虫"也出现在树干上的时候，我才想起来去看一下这棵树的叶子，这是朴树。

　　幼虫头部的突出物让它看起来像一条小青龙。我在它位置比较低的时候俯拍过一张照片，被朋友指出其实并不是黑脉蛱蝶幼虫，而是跟它极为相似的拟斑脉蛱蝶幼虫。照片里的幼虫除了头部，后面的身体都虚

化得厉害。但这并不会抹去它俩的一个很明显的区别特征：幼虫尾部的两个臀棘，黑脉蛱蝶是并拢的，呈一个"立正"的姿势；而拟斑脉蛱蝶是分开的，呈一个"稍息"的姿势。

朴树是线蛱蝶亚科一系列头上有犄角的蝴蝶幼虫的主要寄主植物。在中国台湾，黑脉蛱蝶和大紫蛱蝶、金铠蛱蝶以及白裳猫蛱蝶并称为"朴树四小龙"。但是在整个中国，小龙们有更多的兄弟姐妹。

"拟斑脉小龙"可能身负重任，它一刻不停，专心赶路，也不和我过招。很快，它就爬到了我够不着的高度，继续去寻找它的光明未来了。

天蛾幼虫的午休

一

　　10月下旬，有一群"植物人"聚在诸暨滴水岩，我也过去凑个热闹，顺便签书。我们到了常去的一个点，从省道拐进来一百米，道路一分为二，中间夹着一个小水库，再往前是农田。一阵寒暄过后，他们无一例外地跟着丸子姐右转去爬山寻花，并且带走了所有的干粮。于是左侧又成了我一个人的山路。

　　苎麻的叶子上有一只体长只有七八毫米的分舌蜂。分舌蜂科隶属蜜蜂总科，是一类独居型的广义上的蜜蜂。不过它看上去不像蜜蜂，因为它几乎是全黑的，只在局部有一些黄色斑点，而且身体表面很光滑。我们印象里的蜜蜂应该是毛茸茸的。最重要的，分舌蜂没有蜜蜂的常备工具：位于后足的花粉篮。因此它们只能用自己的嗉囊携带少量花蜜和花粉的混合物，带回未来宝宝的储藏室。

　　如果只从侧面或后面看，它就是普普通通的一只小蜂子。但是当我绕到它的正面拍摄时，有意思的画面就出现了。

　　它的正脸是白色的，比较扁平，位于下方

的梯形唇基和头部其他骨片的拼缝因而清晰可见，并没有隐匿在各种花纹里。这些拼缝勾勒出了下巴和法令纹，圆形的触角窝构成一对小黑眼睛，这简直就是一张家用型机器人的脸。

这张脸让我完全抑制不住去脑补它的下颌咔咔打开的样子！我用软件对图像进行处理，做成了一组机器人表情包。

昆虫就像功能复杂的小型无人机。人类出于各种目的，也在研发各种可以飞的微型机器人，比如用于应对蜂群崩溃综合症（colony collapse disorder, CCD）的传粉机器人。这个方法目前可能不太现实，但无论如何，未来的机器人如果顶着这张脸的话，还是比较容易被接受的吧。

临近秋末，各种蜜蜂都在抓紧为后代储备粮食。葎草的花序吸引来了商业化的蜜蜂——西方蜜蜂意大利亚种（简称意蜂），它们偏好大面积开放的蜜源植物。因为本土的中华蜜蜂（东方蜜蜂中华亚种，简称中蜂）对所有花朵一视同仁，会在一些微不足道的小花上浪费时间，这不符合蜂农的利益。但是对于生态系统来说，中蜂必不可少。

意蜂把收集好的浅黄色花粉压实做成花粉团，挂在自己位于后足胫节的花粉篮上。花粉团在蜜蜂飞行时也清晰可见，是快速区分那些拟态蜂类的苍蝇的重要证据。蜜蜂们在干活的时候，身上的长茸毛蹭满了花粉颗粒，它会在飞行过程中顺便把这些花粉都收拢到一起，继续加码后腿上的花粉团。所以茸毛和花粉篮是配合使用的，没有花粉篮，毛茸茸的身体就失去了意义。蜜蜂属的成员都是勤劳和节俭的典范，分舌蜂可羡慕了。

此时，一只我不熟悉的蜜蜂出现了。它腿上的花粉团非常显眼，是浓重的金黄色，看上去让人充满食欲，就连意蜂都忽然觉得自己浅黄色的花粉团不香了。

而且，新来这位的花粉团，非常、非常巨大。它们几乎包裹了整条后腿，只露出一点点跗节，就像一对裹了面包糠的迷你炸鸡腿。我都能想象自己小心地捏着它的脚指头，然后用牙齿把那团美味给撸下来。

金色的花粉团来自翅果菊，它们是浙江地区山路两旁最常见的菊科植物之一。花粉团的主人是毛足蜂，它是准蜂科的成员，同样属于蜜蜂总

科的独居型蜜蜂。毛足蜂属不但带货能力强，而且有让意蜂看了都嫉妒的发量和腿毛。这是它们属名的来历，也是扒粉效率的有效保证。

翅果菊心甘情愿地为毛足蜂提供花粉，同时被迫为其他昆虫提供食物和舞台。一群长管蚜占据了一个花茎，并且正在扩张。蚜虫在一年的大多数时候都采取孤雌胎生的繁殖策略。当我们在野外找到一个发展中的蚜虫群落的时候，很容易观察到这个现象。如果你高度近视，甚至都不用配放大镜。

有一点和常识不太一样的是，小蚜虫是屁股先出来的。母蚜只要几分钟就可以把它的大部分身体产出，然后夹着孩子的脑袋在空中晾。一

开始小蚜虫的附肢是紧贴身体的，就像一个枣核。它足够结实以后，会逐渐把腿打开，这个过程就要十几分钟了。等小蚜虫准备好，母蚜就把它直接放到花茎上，松开它的头，生产就完成了。

　　我在很多翅果菊上都看到了莴苣冬夜蛾幼虫。它们有着漂亮的黑白黄配色，在手上把玩的时候也很温顺。体侧的黑斑，用建筑语言最容易描述：方钢和工字钢交替码放。

　　琉璃蛱蝶幼虫吃掉了菝葜的大部分叶肉，在残存的部位蜷身休息。幼虫身上布满棘刺，普通人很难相信它居然是蝴蝶家的孩子。然而这些棘刺徒有其表，它们没有毒，而且不够紧密，让幼虫裸露出了大约一半的表皮。它身上趴着一只小不点，这是双翅目蠓科的吸血昆虫，它们中大多

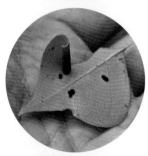

数都是吸食脊椎动物的血液，而吸食无脊椎动物血液的情况还没有得到深入研究。

乌桕癞皮瘤蛾幼虫身上稀疏的毛簇同样不能摆脱蠓虫的骚扰。它烦躁地在乌桕枝间爬动，这可能会增加被捕食者发现的概率。

如果身上的毛丛更旺盛一些，就像一只典型的毛毛虫那样，蠓虫可能就没有地方下嘴了。腿毛发达的男士，蚊子没办法吸到他小腿部位的血，蠓虫肯定没法从毛足蜂那里占到任何便宜。毛丛不但可以抵御吸血昆虫，还可以把更加致命的寄生蜂挡在产卵管能够到的距离之外，这也是毛丛演化出来的功用之一。

乌桕树上挂着很多玫瑰卷儿，我拆了几个，内部都已经破败，仅能看到蛾类幼虫的遗骸。它们的建筑形式重新引起了我的兴趣。

当我把这片叶子平放在手上时，它就像一座小型教堂。人类产生文明以来，就把地板、墙壁、屋顶这些要素区分得明明白白，幼虫随意而为的卷曲，完成了单一要素从地板到墙壁的过渡。当我们的建筑返璞归真，再次打破这些元素之间的界限，就像任何一只虫子干的那样时，却被认为是巨大的创举。

一只疣蝗蹦到我前面的岩石上，它的保护色立刻同环境融为一体，以至于我靠近前低头看看脚下，再抬头就找不到它。优秀的保护色拥有不同尺度的细部，以适应杂乱的环境。不过我也有办法，这块岩石表面比较平整，我可以绕到侧面去看疣蝗突起的轮廓线，然后一直盯着它，回到正面来拍摄。

当我站起身，旁边的一棵翅果菊有点不对劲。最顶上的两朵花已经完成了生命历程，一朵等着风把种子们带走，另一朵则已经发货完毕，只剩下褐色的干卷萼片。

我慢慢俯身，一点点凑近，注视这棵翅果菊。各种深浅不一的褐色像素不断重组，最后形成有意义的图像，植物归植物，昆虫归昆虫。一只褐色型的树蟋静静地趴在上面，它身体的颜色和轮廓刚好冒充了翅果菊的一枚萼片，甚至产卵器末端的黑头也同萼片尖部的颜色有异曲同工之妙，不过这就纯属巧合了。

赤须盲蝽在芒草上行走，绿色的身体显得突兀。我对它并不感兴趣，不过它让我注意到芒草的粉色花序，进而发现了潜伏在上面的粉色

夜蛾幼虫。十步之内，皆保护色。

　　山谷两边距离不过150米，对面的山脊上时不时传来"植物人"的狂笑声。我从望远镜里看他们品花香，看他们吃干粮。两点钟的时候，他们从巨石上攀下来，跨过田埂到我这边的山路，然后大家一起回到水库口。

　　水库边的空地上码放着一堆细圆木，已经有好多年了。一株三裂叶薯从木材下面的土地里萌发，翻过圆木堆，攀到不远处的小树上。

　　漂亮的淡紫色小花下面，一只肥硕的鬼脸天蛾幼虫大大咧咧地躺在圆木上，用腹足揪着刚刚作为午饭吃过的藤蔓，胸足聚拢合十，枕着后背，晒着太阳，闭目养神。

　　我从来没见过躺着睡觉的天蛾幼虫。此情此景，让我一下子想到了自己退休以后的生活，若能如它这般悠闲惬意，那该多好。

　　幼虫浅褐色的身体上点缀着无数个中间有深褐色小点的白色圆斑，就像细胞的简化图。当我盯着这些圆斑看时，我仿佛回到了真核生物刚刚诞生时的原始海洋，一个个单细胞靠近、疏远，想要凝聚成多细胞生命。最妙的是，幼虫背部的白斑有大小不同的两组规格，小的那些似乎距离水面更远，给这一景象增添了可信的立体感。我想象这些细胞随着洒满阳光的海水而荡漾，无休止地重复着靠近和疏远。在所有的条件齐备之前，它们就这样荡漾、努力了30亿年。这一刻时间仿佛凝固，我一瞬间被困意击倒，跟着打了个大大的哈欠。

　　如此丰满的天蛾幼虫很难不吸引蠓虫过来。小蠓虫能有什么坏心眼呢？它只是用自己渺小的力量帮助天蛾幼虫控制体重罢了。

小青龙的越冬计划

—

快12月的时候，我还在满杭州找一种神秘的昆虫作品。果丁住在杭州西北方向的良渚街道，他说这里的生态不错，虽然卫星地图上看只有几座小山。我决定过去考察一番。

停车场的围栏上爬满了萝藦，紫色的小花依然开放。黄色的萝藦蚜沿着茎排列，还在坚持繁衍，不肯放弃。于是它的天敌们，黄斑盘瓢虫和黑带食蚜蝇的幼虫也一起坚守于此，收割最后一批食物。

一只稻缘蝽在叶子上晒太阳。它将前翅展开活动了几下，然后开始用足清理。它能用中后足四条里的任意两条来干这活儿，剩下的两条足和前足一起稳固支持身体。清理完毕后，它搓动中足，把看不见的脏东西抖掉。其实大多数昆虫都会这个"搓手"的动作，只不过苍蝇的前足有众多感受器，洁癖太严重，几乎是一刻不停地搓，吸引了我们的大部分目光。稻缘蝽没有按照普通姿势搓手，它是把一对中足拧到背后搓的，看得我十分别扭，就像我们把手放在背后鼓掌一样。它还会用同侧的中足和后足相互搓，也算是个中高手了。这只褐色的稻缘蝽将以成虫越冬。

　　路边低矮的紫珠上，有几只角盾蝽正在吸食那些小果子。它们艳丽的配色让人很难不注意到。角盾蝽寄主广泛，它们是可以在城市近郊遇到的高颜值虫子之一。虽然是一种蝽，看上去却像甲虫。半翅目的小盾片本来就很大，而盾蝽科的更是夸张，靠一己之力覆盖了整个背部。盾蝽们用实际行动向它们的偶像鞘翅目昆虫致敬，当被错认成甲虫的时候，它们肯定暗自窃喜。

　　它的身体呈现出类似天鹅绒的质感，而腿和额部则泛着绿色金属光泽。即使是平时以暗中观察为主的我，都会忍不住把角盾蝽引到手上来互动一下。虽然所有的蝽都会放屁自保，但是盾蝽科的虫子在感情上是把自己归到甲虫那一类的，觉得自己防护装备强，不轻易出手。制造刺激性液体是需要能量的，盾蝽科因为有盾牌的保护，几乎已经丧失了放臭屁的能力，它们偶尔分泌的防卫液体没有什么味道，这一点我可以作证。

　　角盾蝽的中文名来源于其胸背板两侧的肩角，不过有部分个体无角，有没有角完全是随机事件，对它们也没有任何影响。成虫体色多变，从黄色、深棕到玫瑰红。它们身上分布着一些黑斑，差异极大，这在生物学上叫作"多型"。根据我的观察，黑斑必定以比它大一圈的黄斑作为基础，黄斑位置固定且每只个体都有，黑斑按照一定规律填进去。换言之，黄斑就是超市里的货架，黑斑就是商品。货架常在，而商品常断货。这个特点也存在于盾蝽科的其他无金属光泽的种类中。

　　角盾蝽的胸背板和小盾片上各有8个形状大小不一的黄斑，总计16个。有5个黑斑是缺省配置，每只个体都有，剩下的11个斑就随意填充了，但是也有一定的优先级，并且保持对称。我画了一幅斑形分析图来向它致意，图中体色、角型和斑型的变化，可以在同一窝孵化的角盾蝽里出现。

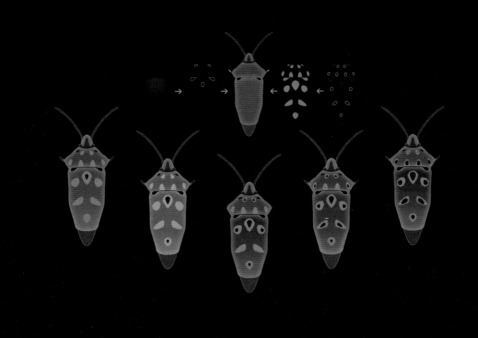
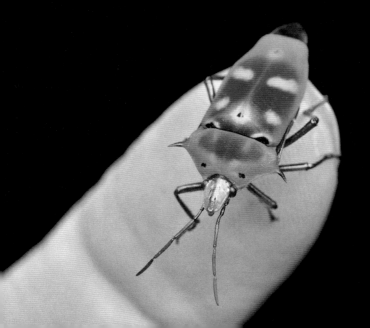

　　我找到一条小路，沿着一段很陡的坡来到山脊线，走了一段后发现没有特别之处，于是返回。当我顺着来时的陡坡小心翼翼地下行时，在右手边一棵一米高的小朴树的叶子上发现了黑脉蛱蝶的三龄幼虫。它趴在叶面上，伪装良好，那片叶子略有偏转，我上坡的时候它挡住了幼虫。

　　幼虫的身体呈墨绿色，背上有四对模仿树皮起翘的褐色小翅膀，它们大小不一，第三对最大。这身打扮可以让它们在树干上隐形。这条小青龙正处于越冬的第一阶段。

　　按照类群的不同，鳞翅目幼虫对在哪里睡觉这个问题的态度可谓千差万别。比如柳丽细蛾会包一个精致的小粽子，这是它的单身公寓；樟巢螟则弄一大坨丝网包裹着枯叶和粪便的杂物堆，就像睡在回收站里一样；尺蠖最简单，在任何地方都行，只要能让它们保持一根小棍的形态就好，它们是居无定所的流浪汉；蝶类中的弄蝶科也要做叶巢，而且手法高超，它们住在风格各异的别墅里。大多数蝴蝶幼虫介于这几种水平之间，短期内它们会在固定的一片叶子上休息，并且会稍微打理一下这片叶子，我把这个行为称为：铺床。

幼虫会在叶片上布下一层很厚的丝，直到这片叶子在局部出现我们肉眼可看到的一层白色丝垫，这样它腹足上的爪钩就能很牢固地抓在上面。通常它们会去吃隔壁的叶子，而不去动铺床的这一片。不过现在，我眼前的这片叶子也只剩一半了，可能幼虫觉得接下来反正都不过了，临了把床干掉一半吧！

在第一阶段，幼虫停止进食，身体会慢慢变成褐色，也就是落叶的颜色。到了第二阶段，它们会转移阵地。大部分幼虫下到地面的落叶层中挨过漫长的冬季，小部分会在树干或者枝杈等位置越冬，还有极少数坚持留在自己床里。

朴树是一种落叶树。幼虫需要自己顺着枝条爬下树干，在附近越冬。如果它选择和铺床的叶子一起自然掉落，可能会被风吹到很远的地方，第二年返回树上就困难了。所以，它要保证自己的床不是第一批飘落的叶子。而如果它选择坚守，那这片叶子一直到明年春天之前都不能落！

如何解决这个问题？小青龙自有办法。

它在铺最后一张床的时候，除了在叶子上吐丝，还把丝顺着叶柄一直绕到树枝的后面。经过无数次的左右叠加，汇聚成一条宽阔的丝带把叶柄结结实实地捆在枝干上。这些丝的强韧足以对抗掰断叶柄这样的破坏力，这是让深秋的幼虫每晚都能安然入睡的保证。实际上，即使叶柄已经同枝干分离，丝带也能保证叶子在数年内不会掉落，成为一种近乎永恒的存在。

小青龙的越冬计划天衣无缝。

落叶层的奇遇

—

冬天是一个收和藏的季节。虽然我经常羡慕生活在华南地区的朋友，那里一年四季虫子不断，但是在无虫可拍的华东以北，恰好可以利用这段时间沉淀自己，整理照片，学习知识。

当然，虫子只是少了，并不是没有。冬季快结束的时候，我想起来我罕有这段时间的采风记录，便赶在2月下旬去植物园碰碰运气。虽然虫子可能不多，但是虫迹也是有趣的观察对象。并且，我渴望找到越冬的蝴蝶幼虫。特别是以朴树为寄主的诸位小龙。我认树的能力很差，但至少有一棵高大朴树的位置我是知道的，而且那里还爬上去过一条幼虫。

今日游客颇多，他们在北门入口排长队，入园后汇聚成一小股溪流，朝着植物园的西北角蜿蜒过去。当我看见散落园中的点点白花，才意识到他们是来欣赏灵峰探梅的美景。

经过植物资源馆后面的石楠丛时，我远远看到两颗晶莹剔透的小珠子拖着长丝从树干悬垂下来。我当然希望那会是某种虫茧，不过丝的长度接近一米，而末端像翡翠耳坠似的东西很明显是植物的种子。它外面包裹着一层黏液，长丝只是黏液在重力作用下的产物。

我顺着长丝寻回树干，看到了聚集在一起的其他种子和更多的黏液。这看上去有点恶心，但却是槲寄生植物独特的繁殖方式。

绿叶衬托下的槲寄生的红色小果子是圣诞树上的必备装饰品。本地的种类结黄色的果子，看起来同样可口，很容易就进入了小鸟的肚子。然而，果实里的黏液含有一些不友好的成分，会在短时间内引起小鸟的腹泻（它们大多数时间都会停在某一根树枝上），来不及消化的种子就这样被黏液固定在树枝上，顺便还拐走了小鸟消化道里一些别的宝贝营养作为它们萌发的本钱之一。这便是植物的智慧。

百草园的老入口处有块一人多高的太湖石，几条横向的宽大褶皱形成了可以遮蔽风雨的空间。有一种蜾蠃很喜欢这里，每年都过来筑巢。在石壁地形条件下，蜾蠃通常会连续制作五六个并排的瓦罐，收工时，在它们的外面再糊一层泥巴，把这些小艺术品掩藏起来。而这种蜾蠃还多一道工序，它总要留下一根烟囱状的甬道，朝着斜下方或者正下方，尽端封闭，内壁光滑。目前，我对这种建筑形式的作用还不知晓。

蜾蠃母亲中意的这个培育后代的风水宝地，缘蟢母亲也表示赞同。在多条太湖石褶皱里，瓦罐塞满了最靠内的缝隙，而稍稍靠外，空气更流通的石壁顶部是缘蟢精致的深棕色卵。它们像一队队巡逻的哨兵，拱卫着城堡的入口。

本草轩的墙面比以前干净了，真叫我失望。即将离开它的时候，我看到最后一排柱子上，木质雀替的下面有一个拇指大小的突起。这些柱子原本是干粘石的做法，大约两年前，园方在石子外面又刷了一层浅灰

色涂料，以此草草掩盖经年的污渍。如果那个突起再小一点，它可能会被当作是没有搅拌均匀的涂料疙瘩。不过我知道，这东西的主人可是伪装大师。

旋皮夜蛾又叫臭椿皮蛾，喜欢臭椿树的叶子。末龄幼虫会爬到树干上作茧化蛹，它们用口器啃下树皮颗粒，然后像贴外墙面砖一样安排到自己扁梭形茧子的表面。这种就地取材的茧，无论是颜色还是质感，都同环境一般无二，它巧妙地藏匿于有着自然凹凸的臭椿树干上，和树皮完全融为一体。这个伪装在视觉方面无懈可击，以至于我从来没见过自然状态下的旋皮夜蛾茧。

在平坦的柱子表面，拇指大小的微微凸出的茧就暴露了。幼虫可能在百草轩的柱廊里迷了路，没有时间和耐心去找一棵真正的树了，它只好在这块非法用地上强行开工。这个建造过程一定很不愉快，因为涂料啃起来可比树皮牙碜多了。不过它至少应该感谢这一层涂料，让它得以用祖先的建造原则完成自己的冬季住宅。如果只有最开始那些外露的细石子，就算它把牙咬崩了也弄不下来任何碎屑。

茧上有几个明显的破洞，最大的一个里还冒出了真菌的子实体。无论里面的蛹是死于寄生还是感染，终究没有善终。我把这个凝聚了无差别昆虫劳动的优秀成果小心揭下来，带回家做纪念品。

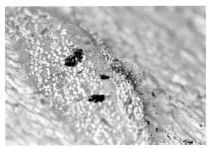

经济植物区的L形木房子对面有一棵秀丽锥，贴着它的根部，有一棵新生的小苗。我请朋友辨认，它不是秀丽锥，但也不知道是什么植物，因为很多树的幼叶不同于成熟后的叶形，不能判定。这株小苗下面的叶呈绿色，嫩叶黄绿色。端部的这些从黄到绿的叶子上，大多数都整齐排列着圆孔形食痕，构成了精美的图案。

　　留下食痕的昆虫非常挑剔，它只在两根二级脉之间靠近主脉的地方挖一个小洞吃掉。一般只有甲虫才有这种耐心。这些孔洞过于规整划一，不得不令人怀疑它用某种巧妙的方式进行了批量生产。我们经常在荷叶等宽大叶片上看到排成直线的一串小洞，感叹大自然的神奇，其实那是叶芽尚蜷成一个多层卷儿的时候，有昆虫从一侧蛀穿它，等叶片展开就形成了这个图案，跟我们剪窗花差不多的道理。

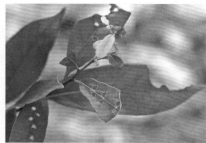

这个图案若想一次成形，那么叶片在初始状态就得有复杂的折叠方式，昆虫也要更精巧地选择位置。我一边绞尽脑汁猜测实现的方法，一边检视更多的叶片。大多数的孔洞是左右交替出现的，它们数量相等或相差一个。但有一些叶子上的左右孔洞相差两个以上，这就推翻了通过剪窗花的方法得到孔洞的猜测，所以它们真的是虫子一个一个咬出来的。

在另一侧的叶子上出现了两种不同的食痕。一种是将叶片端部一半都吃掉，而且断面整齐，这应该是不挑食的鳞翅目幼虫从叶尖开始来回横着吃的结果；另外一种是从叶片的一侧开始竖着吃，食痕边缘放荡不羁。

在这几种虫子势力范围的交界处，出现了食痕的叠加，并且很容易判断出挖孔的虫子比横切的虫子来得早。我觉得这也是个很有趣的现象，便根据不同的情况各采了几片叶子，带回家做书签。

快5点钟的时候，我想起来差不多该去翻落叶了。我朝着桃源岭方向走，4个月前，这里的一棵大朴树上铺满了白色的多孔菌，令我印象深刻。

可这回我并没有在第一时间认出那棵朴树。一方面，是因为我从小路的另一边绕过来，树所展示的形态有所不同；另一方面，现在这棵朴树发生了很大的变化。我不得不绕到上次的拍摄角度，以确认这一棵就是我要找的目标。

原先被菌床覆盖的两根比腰还粗的树干被锯掉了，如此巨大的生命被小小的孢子打败，令人感慨生死无常。细小的断枝散落一地未被清理，倒是为我提供了唾手可得的翻叶工具。当我低头仔细看地上的时候，顿时气馁了。等待我的并不是松软的落叶层，而是一片绿色的草地。活血丹和艾草的新生幼苗铺满了大部分的地面，在它们的缝隙里，为数不多的朴树落叶尺寸很小，而且被露水粘在一起，看上去一点也不

暖和。我没精打采地翻弄了几分钟，一无所获。

　　我看到不远的另一棵落叶树，它下面的草长得略微稀疏一些，于是便蹲到那里去翻。没翻几下，一只沾满露水的小珀蝽被我挑了出来。它现在处于蛰伏的状态，不怎么动弹得了。

　　我来了精神，又有动力继续翻下去了。然而接下来的一刻钟里，我什么都没翻到。这时间听起来不长，但当时的气温只有3℃，硬邦邦的相机腰带令我只能艰难地保持短时间蹲姿，托着冰冷相机的左手已经冻僵，干活的右手却不想弄脏自己，它只用两个指头捏住小棍，一边漫不经心地翻弄落叶，一边嘲笑主人这种没有任何意义的行为。而主人则把希望寄托于祈祷。

　　我随机挪动了多个位置，也在几棵不认识的树上搜索过。我现在精疲力尽，打定主意要回去了。我往北门方向走了几十米，路边有另外一棵落叶树拦住了我。它保留了一片干枯卷曲的叶子，这唯一的叶子在光秃秃的树冠上特别扎眼。

　　我隐约感觉到这可能是一个信号，便停在树下，举起望远镜，认真地观察它。我看到叶子并不是以叶柄同树枝相连，它叶柄朝下悬挂着，叶尖那头被一根缝纫线一样的东西缠在树枝上！

　　我从基部拉弯它所在的枝条，把这片叶子摘下来，然后把相机扔到路上，两只手哆嗦着展开它。我看到一片被扯开一大半的丝质床单！我马上就可以重塑历史：叶柄自然断裂后，毛糙的丝线依然把它拴在枝

头，然后狂风让它围着树枝转圈，使丝床同叶面不断分离，最后又把叶尖挂上去，呈现出我现在看到的模样。

毋庸置疑，有一条幼虫曾经在这里铺床，然后耐心地等待身体变色。所以这可能也是一棵朴树，那条幼虫可能就在树下的落叶里。我丢掉这封信，重新抖擞精神，又拣了一根小棍蹲下来。

冬季的植物园，五点半的天色已经比较昏暗。我其实并不知道越冬幼虫应该以什么姿态待在叶子上，对它最深刻的印象只有小龙的犄角，不过在落叶翻飞的时候，一片粘着根"小棍"的枯叶在从我的视野余光里消失前，谦虚地提醒了我一下。

就是它！

一瞬间，我感觉天空又恢复明亮，而身边有凯歌飘扬。在植物园的万千落叶中，我和它终于相遇。

　　一对分开的臀棘告诉我这是拟斑脉
蛱蝶的幼虫。现在它睡得正香，完全不
搭理人。但我特别想看看它可爱的小脸，
只好说声对不起，轻轻将它的头搬起来拍照。

　　释放了我所有的欣喜以后，我把它放回原来的地方，希望早春再来
的时候还可以同它打招呼。

　　当朴树开始抽芽，它便会结束冬眠，爬回树上，蜕去褐色的伪装，
换一身崭新的绿衣裳。

　　它会摆弄头上巨大的犄角，亭亭玉立，耀武扬威。

Following
Insects 2

夜幕降临

阳光在滋养万物的同时，
紫外线也会对脆弱的生命造成伤害。
臭氧层形成之前，陆地上空无一物。
在夜色的掩映下，
节肢动物的祖先冒险离开水面，
捡拾被冲到岸上的生物遗体，
它们是第一批探索陆地的生物。
时至今日，
夜晚仍然为昆虫的产卵、羽化等重要时刻提供保护，
它同样保护昆虫观察者，
使其避开白天的高温、路人和噪声。
我们调动自己的感官，唤醒心中的远古本能，
和蛛形纲结伴而行，做同一件事：搜索猎物。

黑暗中的舞台

——

　　杭州地区的夜观，最早从5月份就可以开始了。我自己的夜观路线几乎和日观一样：从植物园北门进去，经过植物资源馆后向南，到了桃源岭再经小路绕一圈回到北门。

　　我约了老王，他比我到得早，但因为这是他的第一次夜观，兴奋得一头扎进小树林中自顾玩耍了。在门口迎接我的，是用半透明鳞片装点翅膀的绢野螟，它像一个空灵的仙子，让我从一开始就心情愉快。

　　有多种蚂蚁在夜晚保持活跃。一只短猛蚁叼着一团白色的东西在树干上疾走，我起初以为那是它自家的幼虫，不过这工蚁形影孤单，幼虫只会在大部队搬家的时候才出现。我放大照片，勉强辨认出一个鳞翅目幼虫的浅浅的头壳，原来是一只低龄毛虫。这只蚂蚁正在回去邀功的路上。

　　它的邻居光胸臭蚁运气更好，它们不知道从哪里搞到一只鲜嫩的蛹子，工蚁们把它团团围住，这可是幼虫最好的晚餐。

　　手电筒扫过之处，沫蝉的巢闪闪发亮。
虽然它的主要功能是帮若虫保湿和伪装，但
无论如何，它也是真实的微型水源，有些小虫认
为可以用它来解渴。看似安全的地方往往隐
藏着危险，我经常看到果蝇淹死在泡沫的
表面，更小的眼蕈蚊就不用说了，简直是
集体葬礼。要想从沫蝉这里取水并全身而
退，就不能直接站在泡沫表面，这需要满足
一个硬性条件：腿长。

　　而这恰恰是盲蛛的天赋。当它的身子降临在
泡沫表面啜吸的时候，落脚点还离得八丈远呢。

　　在泡沫的滋润下，沫蝉的若虫拥有半翅目里最娇嫩的肌肤。但是当
它们成熟后离巢时，则一反往态，换上了坚硬的外骨骼，还有革质前翅

保护身体。一只七带铲头沫蝉的羽化进入尾声，它可能分泌了一些破坏泡沫的物质，巢中央自动现出了一块空地供它晾干翅膀，颇有散尽家财只为浪迹天涯的豪迈。

纹唇盲蝽正在吸食一只蚜虫。它被突如其来的强光惊扰，下意识地松了口。之所以得名盲蝽科，并不是说它们看不见，而是它们没有单眼。你可不要小瞧了它们，可能是把生长单眼的能量节省下来用于别处，盲蝽科的多样性很高，单科接近1万种，是半翅目第一大科。部分种类的盲蝽有一个明显的特征：它们的翅膀后端会突然向下弯折，形成一个陡坡。眼前这只几乎弯折成了90度的悬崖。它觉察没有什么实质性的危险后，又把口针插回了蚜虫身上，低下头继续吸。

我们在植物资源馆墙上看到了三个并排的蜾蠃瓦罐。它尚未最后完工，是一个难得的半成品，可以展示不同瓦罐类型的工艺流程。植物枝叶上裸露的球形瓦罐只是其中一类形式，做好的罐子按照糖葫芦或者小笼包的方式松散排列。还有一些蜾蠃喜欢在墙角做罐子，母虫会把数个罐子按顺序排列，相邻的罐子紧紧挨在一起。全部罐子封口后，母虫会继续叼泥巴把它们统统埋起来，直到再也看不出半点劳动成果的影子。

墙上就是埋到一半的瓦罐，它一侧是三个裸露的罐体，保留了明显的泥条盘筑法的痕迹，另一侧则被糊得面目全非。母虫可能在最后的工序进行到一半时遇难了。因此这一小堆构筑物从右边看是泥土，从左边看是艺术。但是外层的泥巴只是用作伪装，它的两个后代已经成功羽化，并咬穿了泥土的那一侧离开。

壁泥蜂在墙上用同样的泥条盘筑法做出热水瓶胆一样的长条形瓦罐。有些蛛蜂也有类似的作品，并且开口更大。当这些不同的建筑师最终把自己的各种瓦罐糊上一层厚泥巴的时候，我们凭外观根本不能判断这堆泥巴的主人到底是谁，甚至不能判断这是什么。因为它看起来就是非常纯粹的泥巴而已。

资源馆正门坡道一侧的冬青灌丛中，一根极细长的触须从叶子后面搭出来。虽然除此之外没有半点痕迹，但我断定它的主人是只螽斯。我伸出手指，调皮地捏了一下触须，一只粗短可爱的蟋螽若虫急急忙忙地从叶子的另一端翻出来，又很快地钻回去了。

我仔细看了一下它的藏身之处，冬青叶片是具有自然弯曲的，两片竖立的叶子对扣成一个叶巢的模样。它们并没有完全对齐，在交错部分的叶子边缘可以看到把叶片连接到一起的丝。

听起来可能有点不可思议，蟋螽科昆虫的口器具有吐丝的功能。它用丝连缀冬青的叶片，给自己做一个简单的叶巢，而不是利用蜘蛛或鳞翅目昆虫的弃巢。这个巢给若虫提供有效的保护，它可以在里面蜕皮。

这是一只日本优蟋螽，它的触须超过体长的4倍，半透明的青绿色身躯上嵌着橙色的翅芽，就像用翡翠雕琢而成。蟋螽找到一片可以快速回家的叶子，静下心来，整理好了触须，从叶尖露出头来看我。它头顶

的三个单眼特化而扁平，像LED的灯珠一样。它还把前足搭在叶片边，一副好奇的围观群众模样。可是它前足和中足胫节上有两排尖锐的大刺，表明这家伙可不是吃素的。螽亚目多为杂食性，蟋螽科却是捕食性的。这些刺用来控制挣扎的猎物，其形态和作用仅次于螳螂的捕食足。

法布尔在初次观察蝗虫的后足时曾看到类似的起防御作用的刺，他感到十分困惑。这些刺同胫节垂直，甚至略成锐角，这个结构怎么可能在蜕皮的时候不破坏旧皮而把足抽出来呢？他继而通过观察发现，这些刺在蜕皮的时候会变得相当柔软。

我们走到玉泉鱼跃边上的园路，路边草丛里有一只准备休息的双斑锦天牛。锦天牛属的鞘翅表面有一层细密的绒毛，就像锦缎一样。通常我们用这个词来形容喂养得特别好的马匹。看到锦天牛的时候，会有同样的感受，它的绒毛会像锦缎那样反光，摸上去很舒服，是一种接触健康而又强壮的动物的感觉。

离锦天牛不远，一只寰螽若虫正在蜕皮。它已经完成了最艰难的部分，就是把两条大长腿从旧壳里抽出来。此刻它正挂在旧

壳上休息，前足和中足上也有明显可见的垂直刺列。虽然没有蟋螽那么夸张，但也表明它是捕食性螽斯。我注意到寰螽的蜕上面有两只红色的螨虫，它们曾经在寰螽身上吸血。叮在左前足第一跗节处的那只螨虫身体饱满光亮，叮在右胸侧板的另外一只就有点病恹恹的样子了。一只有觉悟的体外寄生虫，应该趁寄主蜕皮后暂时不能移动的阶段爬到它身上去。但是在我持续拍摄的十多分钟内，螽斯一动不动，螨虫也一动不动。

老王早已经不耐烦地往前走了，我也很快跟上。韩美林艺术馆后面有一个几百方的小池塘，几乎全被香蒲占据。此时香蒲那些剑一样的叶子正在奋力向上生长，叶子之间只有前后的遮挡关系，没有上下遮挡，所以俯瞰的时候视野开阔，并不是一个藏身的好地方。尽管如此，选择在此过夜的虫子可真不少，光是大蚊就有好几种。最漂亮的是一种印大蚊，它张开长腿攀住左右的香蒲叶，自豪地展示不同深浅的橙色在触角、复眼和背部的运用。肖蛸是喜欢临水结网的蜘蛛，一有风吹草动，它就赶紧跑到叶子上趴下不动，绿色的腹部很好地融入了环境中。摇蚊和豆

娘相隔不远停歇，处于捕食关系的两个物种
此刻正享受夜晚的和平。静止的摇蚊是安全
的，因为蜻蜓目只捕捉飞行中的昆虫。只要第
二天早上摇蚊不要和豆娘同时起床，它就能再
活一阵子。

　　如果按照个体数量来说，这里是长绿
飞虱的地盘。几乎每片菖蒲叶子上都有十
几只，沿着叶脉排队吸食汁液。它们的体
型比较瘦长，整个身体连同翅脉都是翠绿
色，红色复眼下方的加长刚毛状触角向两侧平
行伸出，就像戴了一对大号耳塞。飞虱科属于蜡蝉总
科，按照物种中文名的命名规则，各级分类阶元应该简洁明了，且能向

上溯源。蜡蝉总科下面有16个科，它们在若虫或者成虫阶段可以分泌蜡丝。其中15个以蜡蝉二字结尾，比如常见的蜡蝉科、蛾蜡蝉科和广翅蜡蝉科。只有飞虱科独树一帜。它之所以有这个特权，是因为其他虫子的中文名都是近代分类学体系建立以后才拟出的，而各种各样的飞虱千百年来作为水稻类的作物害虫，早早就确定了自己的名字。类似的情况，比如枯叶蛾科松毛虫属，即使变成大蛾子，依然被叫作松毛虫。夜蛾科的地老虎就更惨了，连一个虫子旁都不配拥有。谁叫它的幼虫总是在地底下危害庄稼的根茎呢？

池塘边的眉眼蝶幼虫慢条斯理地啃着竹叶，它的一串单眼凸出脸颊，就像按进去的几颗黑珠子，而头壳顶上钝钝的角状突起又像一对小耳朵。很多蝴蝶幼虫的正脸都能让我们联想到某种哺乳动物的幼崽。

半个多小时后，我拽着老王回到玉泉鱼跃，寰螽和它的蜕都不见了。我检视相机里的照片，发现在第一只胖螨虫附近，有另外一只骨瘦如柴的螨虫一直在转悠。它看上去非常小，就是几条腿顶着一张皮，因为它的肚子是瘪的。它不太可能来自寰螽身上，应该是被寰螽的气息所吸引，从附近的草丛里赶来就餐的。在我拍的最后三张照片里，这只螨虫爬上了寰螽蜕的右中足，并沿着它向下进发。饥饿赋予动物最大的行动力，它将去到寰螽的新身体上努力充实自己。

寰螽会在蜕皮后不久就吃掉自己的蜕来回收营养。如果前两只螨虫因为饱暖而懈怠，贪恋静好的生活而待在原地，那么在螽斯吃蜕的时候，就顺便把它俩给吃掉了。

猎手变成了猎物。地狱天堂就在一念之间。

进击的双刃蛛

—

在植物资源馆前面的小路附近，我偶尔会在树杈里见到一种奇怪的蜘蛛。它们的身形非常瘦削，腹部尖尖，八足修长，而且有着夸张的触肢。我通常在傍晚或天黑以后看到它们待在一张或简陋或残破的网上，一动不动，隐隐透出一股邪气。并且，我有一次撞见的那只腹部居然还可以弯转，这也太诡异了，让我有点不太舒服。

研究蜘蛛的朋友告诉我，它属于球蛛科双刃蛛属。这个属的蜘蛛习性特殊，它们并不捕捉昆虫，而是以其他的结网蜘蛛为食。双刃蛛白天休息，夜幕降临后捕食，它们是夜行的刺客。

双刃蛛属还有个更正式的名字，叫菱球蛛属。但是我更喜欢双刃蛛这个充满杀气的叫法。

即使处于静止状态的双刃蛛，在我的每四五次采风里也只有一次机会能够遇到，想要看它捕食就更难了。6月初的一天晚上，机会来了。当我沿着乏味的老路走到植物资源馆时，没有像往常一样右转去百草园铁门方向，而是选择了左转。走不多远，在小路的三岔口，我的手电筒在一棵桂花树的枝头扫到了双刃蛛那显眼而又犀利的剪影，这时候刚过晚上9点半。

它蹲守在一个复杂的空间网的边缘，正在审时度势。网主人是一只盖蛛，它正在品尝捕捉到的小叶蝉。空间网外围的丝很细但是很致密，

盖蛛位于网的中央。双刃蛛比盖蛛大很多，它没法不惊动盖蛛直接钻过去，得绕路寻找适合自己的孔隙，这样一来路程就长了很多。

我来得正是时候，几分钟后双刃蛛开始行动。虽然它进展缓慢，但我分明看到它是沿直线朝着盖蛛方向前进的！通过多角度的仔细观察，我意识到，双刃蛛并没有躲闪那些细弱的蛛丝，它把拦在前面的丝全部吃掉，或者破坏掉了。就像小朋友用舌头把一大团棉花糖表面舔出一个洞一样，双刃蛛用这种方式硬生生地在致密空间网中挖出了一条隧道！

盖蛛似乎嗅到了危险，它在双刃蛛的工作进行到一半的时候就放下手头的猎物，跑到了空间网的外圈。而双刃蛛在专心挖隧道，居然没有察觉。当它行进到计划中的预定位置时，并没有发现盖蛛，它停下来，看上去有点失落。

偷袭不成，双刃蛛便施展下一个策略。它是具有攻击拟态绝技的物种，可以模仿猎物的猎物。它用几条腿轻轻地拉扯蛛网，造成猎物挣扎的假象。我的肉眼看不到它的这些小动作，我只看到，很快盖蛛就有了反应，它可能怀疑自己刚才有点过于神经质，被一点风吹草动吓成那

样，总之它真的又爬回来了！

面对近在咫尺的猎物，双刃蛛亮出它的杀器。它几乎是在瞬间从腹部扯出一段长长的黏丝，把它拎在最后一对步足和吐丝器之间。它修长的足抽出这段长丝的动作极其帅气，就像一个射手，引弓待发。

这段与众不同的丝上按照一定间距排列着几十个小液滴，我一看到这件精致的武器就马上明白了这段丝的用法，它就好比一个套索，只要盖蛛被一把套住，便插翅难逃。

最终，双刃蛛没有成功。因为盖蛛是将信将疑地过来的，多的这一分小心让它在千钧一发之际逃脱了。双刃蛛差了一点运气，作为观众的我也是如此。

蜘蛛目里另外一个视力极好的类群妖面蛛科也用类似的套索来捕捉昆虫。它们会在自己的腿间织一张毛茸茸的网，用前面的两对步足撑开成一个矩形，猛地扣住经过它下方地面的昆虫，就像人类捕虫网的用法一样。

然而妖面蛛至少要耗用半小时以上的时间来织它的毛网，双刃蛛的套索生成则快得多。它用左侧第二步足从纺器拉出一小段粗短的丝，右侧第四步足钩住丝的中点往下一拉，密布黏液小球的套索就完成了，整个过程不超过1秒钟。这么短的时间内，双刃蛛不可能用腿部的小动作把液滴挂上去。根据我的推测，套索丝由中央的高弹力的结构丝和包裹它的黏度大而韧性差的外围丝组成。当这个组合丝被快速拉伸时，外围丝会断裂成许多段，在表面张力的作用下形成小液滴。

　　在我的另一次夜观中，双刃蛛捕获了一只比它胖大得多的拟肥腹蛛。后者本来就不长的足被双刃蛛叠好捆缚在身体上，只看得到那个饱满的腹部。这两只蜘蛛的质感居然出奇地一致，鳞片状的纹理让我想到被染成酱色的糯米粒，考虑到它们的外形特点，这活脱脱就是两只剥好的粽子呀！

　　并且，胖大的是典型的北方甜味粽子，颜色来自里面的红枣或豆沙；细长的则是南方的咸肉粽，颜色来自酱油。注视两只蜘蛛居然让我的肚子叫了起来。

　　在捕食现场一尺开外，一只更加纤弱的雄性双刃蛛正在耐心地等待，它可能从一开始就远远跟着雌蛛，并目睹了整个捕猎过程。它小心翼翼地判断时机，趁雌蛛专注于进食的这个安全时刻过去交配。

　　在植物园这一小片区域，白天有视力极佳的孔雀巡逻，晚上有深藏暗器的双刃蛛游荡，结网蜘蛛们的日子可真不好过。

盲蛛的把戏

———

7月，朋友老羊从云南来杭州参加会议，我对他说，也没什么好招待的，送你一次植物园的夜观吧。

我们赶在天黑前到达。前一天下了一场大雨，地面湿滑，空气湿润。这种天气最适合笋蛭涡虫出来寻找食物。因为读音同"机智"一致，我们常常拿它的名字打趣。不过它的样子看上去一点都不机智，而且蠕虫状的湿滑身体让大多数人见了唯恐避之不及。

笋蛭涡虫是原始的扁形动物，靠一个扇形的头部在地面和树干上摸索前进。它们最喜欢的猎物是蚯蚓，但是也不介意干掉任何在路上碰到的无脊椎动物。它会像蛇一样缠绕包裹猎物，然后用位于身体中部的口来吃掉它们。

小路边有几棵紫薇，其中一条侧枝的下面曾经被真菌感染。如今真菌已经进入衰败期，厚厚的菌垫都起卷儿了。不过有两只大蕈甲依然在这里不舍得离开。它们浑身漆黑，鞘翅上有两对橙红色的火焰纹，煞是好看。这斑纹就像是用打孔器在几块完整的红纸边

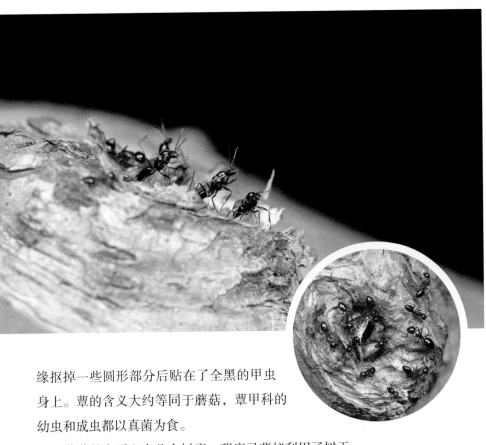

缘抠掉一些圆形部分后贴在了全黑的甲虫
身上。蕈的含义大约等同于蘑菇，蕈甲科的
幼虫和成虫都以真菌为食。

　　紫薇的主干上有几个树瘤，瑕疵弓背蚁利用了树干
里的中空部分并把这里当作巢穴出口。现在是婚飞的季节，有翅的繁殖
蚁们在洞口跃跃欲试。雄蚁们长着大大的眼睛，口器退化，很容易同雌
蚁区分。婚飞大会的时机由工蚁决定，现在天已经快黑了，我们等了一
会儿，没有一只繁殖蚁起飞。时机尚不成熟，今天应该只是地面演习，
于是我们继续前进。

　　棕静螳的若虫倒挂在草叶子下面，摆出经典的祈祷姿势。这个季
节，在草丛里每隔几米就能找到一只。它们小时候甚至在一米内就好几
只。随着长大它们会逐渐扩散，并不断因为各种战斗减员，数量就越来
越少了。螳螂有一对巨大的复眼，我们在白天和它对视的时候，会发现

复眼中心有一个小黑点，就像瞳孔一样，还会跟着我们的移动而转动，这其实是一种光学错觉。这个小黑点被称为"伪瞳孔"，也正是这种错觉让螳螂多了几分灵气。傍晚以后，螳螂会调整复眼内的色素细胞，使复眼变成深色来适应暗光环境。所以夜里的螳螂整个复眼都是黑色的，眼神楚楚动人，我们七点多遇到的几只还很活跃，八点后天已全黑，它们就睡觉了。

夏末到秋天的几个月，遍布植物园各处的数十万株石蒜纷纷从地下球茎里抽出花穗。当它们处于盛花期时，会给白天的植物园增色不少，但是在晚上，则是另外一番景象。

石蒜的俗名之一是赫赫有名的彼岸花，孤零零的一根花茎从土里钻出来，顶着一朵盛开的花，因为花叶不相见而被赋予来世的含义。植物园有多种石蒜，此时已经有零星开放，这是夜观时最吓人的情景。夜晚的植物园除了大路以外没有任何照明，一边前进一边用手电筒四下扫视时，会忽然照到几个白花花的花冠，有小孩头那么大，然后地上的影子快速向后掠去，场面着实恐怖。老羊是游戏特效师出身，画过不少怪物，但还是被这个异象吓得连声惊叫。

又到了植物资源馆前面。老羊拿着手机电筒在路边瞎照，我查看小路另一侧的灌木。在比我视线略高的地方有一只不常见的黄色盲蛛，它不知道从哪里捡来金龟子的半截腿，看上去还比较新鲜。它用一对触肢把持虫腿，把根部的断口对着自己的口器，就像抱着大杯奶茶，喝得十分起劲。我甚至都不自觉地咽了下口水。

等到断口附近的汤汁被喝得差不多后，盲蛛开始用它灵活的触肢转动这根短腿，寻找新的下口的地方。它转得很快，不禁令我想起几乎每个中学生都拥有的技能——转笔。当年我是为数不多的例外，没有勤加

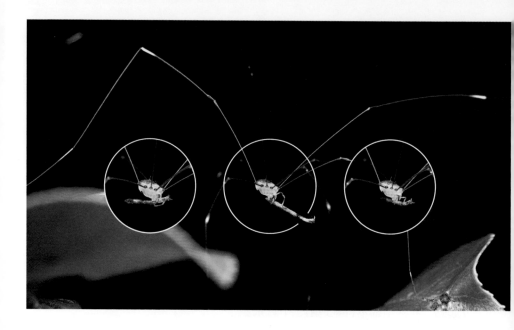

练习，几圈之内笔必定会脱手，所以我特别羡慕转得好的同学。转笔至少要用到3根手指，这盲蛛只靠两根触肢在这里转腿，看得我提心吊胆。好几次我都以为那半截腿要"脱嘴而飞"了，可虫腿一直在盲蛛的掌控之中，有惊无险。我不由得崇拜起来。

野外随处可见的有着大长腿的盲蛛属于蛛形纲盲蛛目的弱肢亚目。盲蛛目和蜘蛛目的相似之处，仅仅是都有八条腿。蜘蛛的身体分为头胸部和腹部，虽然不能歪头，至少还能扭腰，盲蛛身体浑然一体，就像一颗粘上头发的豆子。另外，蜘蛛的螯肢锋利，大多数内含毒腺，盲蛛的螯肢脆弱无毒，而且弱肢亚目成员的触肢像手指一样纤弱。盲蛛和蜘蛛一样都是肉食性生物，但是前者奉行消极的捕食策略。也就是说，它们有能力攻击一些非常弱小的、毫无防卫能力的小虫子，特别是还没长出翅膀的幼虫。更多的时候，它们靠捡拾别人的残羹剩饭为食。

不远处有另外一只更常见的腹面白色的盲蛛，嘴里叼着一只吸到干瘪的半透明小虫，可能是趁人家刚蜕皮还不怎么能动的时候下手的。盲

蛛对于食物的要求很低，只要口感软糯，皆来者不拒。所以在野外看到它们趴在新鲜鸟粪上开怀大啖也就不足为奇了。

老羊说他在树干的苔藓上发现了奇怪的虫子。我凑过去一看，激动万分！它们是盲蛛目里另外一个相对少见的类群：强肢亚目。

顾名思义，它们的触肢进行了强化。这是我朝思暮想的类群，没想到居然可以在家门口的杭州植物园里解锁它。

它的腿并不长，但是比较粗壮，相对较长的第二步足依然充当盲杖的作用，负责在行走时敲打探路。所有步足的膝节均有膨大，转节甚至膨大成近球形，这使得它们有着极强的机械朋克风格。它的眼丘靠近身体中部，眼距很宽，搞笑的是眼丘向上隆起成葫芦状，就像是《西游记》里的妖怪。

最引人注意的，是一对造型夸张的触肢。前两节特化出很多长刺，可以合拢控制猎物，就像捕蝇草的叶片一样。

如果弱肢亚目的触肢是两根手指，那么强肢亚目的触肢就是：双臂挖掘机。

因为配备了强大的武器，强肢亚目会更加积极地捕食。尽管如此，它们可选的猎物也不多，毕竟它们是微小的蛛形纲生物，身体和一粒黄豆相仿。

菖蒲池塘的长绿飞虱已经发展到当年的第3代。在附近的竹叶上，我看到一只漂亮的橙色飞虱。它的身材胖短，触角却出奇地长，并呈"V"字形高高举向天空。我不由自主地把它们想象成摆出胜利造型的两根胳膊，这只飞虱仿佛正在高台上演讲，它充满干劲，热情如火。它是微观世界的胜利女神，连注视它的庞然大物都备受鼓舞。

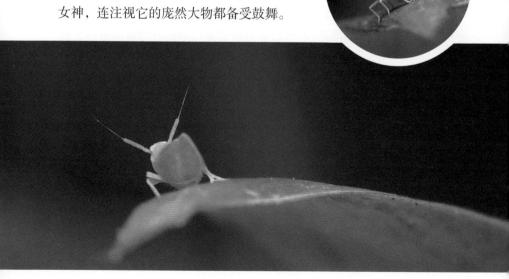

老羊第二天要早起开会，才10点钟就嚷着要撤，我把他送到附近的植物园南门，然后自己慢慢向北门方向走。

最近一个月，一种新的蜡蝉出现在植物园，它是扁蜡蝉科的伞扁蜡蝉。若虫阶段就很有意思，身上每节都有一对小黑点，尾部有4组蜡腺，每组蜡腺通常分泌2根长长的蜡丝。它有时把蜡丝收拢成一束，有时又把它们叉开成4根粗的或者8根细的。蜡蝉总科的每个类群都有自己与众不同的使用蜡的方式，它们产生的蜡丝变化多端，让我惊叹于造物主的无穷创意。

在我快要到北门的时候，手电筒扫到树叶下面一只正在羽化的绿色小虫。它刚抽出来的皱巴巴的翅膀看不出什么名堂，但是红色的眼睛似曾相识。我顺着它蜕下来的皮看去，赫然发现了长长的蜡丝，是扁蜡蝉

无疑。我没有等它羽化全部结束——那可能要到12点——这附近覆盖着苔藓的树干上有已经准备好的成虫让我一睹芳容。

　　伞扁蜡蝉的成虫美得令人窒息！
　　如果仅看侧面，它可能是长绿飞虱的升级版。然而从正面看，它前翅翅脉的纹路疏密有致，按照古典主义建筑的三段式风格构造出三个翅域，由翅脉围合而成的尺度、比例各不相同的翅室在这三个域内集中排列，而且不同的域内翅面还有不同的透明度。前翅并排合拢而不是交错，避免了翅脉叠加带来的凌乱，使得通过它可以看到精巧折叠过的透明度更高的后翅。
　　在我拍过的所有照片里，如果有一种昆虫可以让我马上想起夏天的一切美好，那么非伞扁蜡蝉莫属。

菜粉蝶的墓碑

  周末的植物园，每天晚上都有十几支观虫小队，小学生们在导师的带领下挥舞着手电筒，窥探昆虫、蜘蛛和青蛙的秘密。到了暑假就更热闹了，增加到几十队。海豚和木香就是这类活动的导师，我们仨经常一起拍虫，不过今晚我混进了他们的夜观队伍里凑热闹。小队活动通常会在9点前结束，因为小学生要回家睡觉。而我们则会在植物园游荡到11点以后。

  说是跟团，其实我同他们一直若即若离，专心找我的虫子。一只红棕色的褐蛉在树叶上徘徊。它是草蛉的亲戚，翅膀没有那么通透，在闪光灯下泛出虹彩干涉光。它总是在两米多高的地方活动，让我只能仰望。

  在一块编号为"322-0001-001"的木兰科植物铝制铭牌上，雌性蛉蟋的羽化已近尾声。它两对翅的色素均未显现，呈半透明的白纱质感，后翅还未充分伸展，仅仅盖住腹末，像一条短裙。头颈部的玫红和果绿色装饰是一开始就有的，我把它这身打扮看作一位美丽的伴娘。它身后拖着长长的剑状产卵器，用以劈开植物组织。根据雌性产卵器的外观，分类学上把蟋蟀、螽斯一类的直翅目昆虫归到剑尾亚目，以区分锥尾亚目的蝗虫类，后者的产卵器小而不外露。

　　羽化是昆虫的重要生命阶段，也是自然
观虫的重要场面。但是蛉蟋个子太小了，肉
眼不容易观察。知了的羽化会吸引大多数人的
目光，但是观赏这个过程需要极大的耐心，通常
还会付出几个蚊子包。

　　一只羽化初期的松寒蝉在树干上非常显
眼，7月下旬是它们刚刚登场的时候。第一
次看到这个场景的小朋友和他们的父母都很
激动，我见惯了这个，对于看完全程不感兴
趣。但是我着迷于它的破壳阶段，也就是当翅
芽刚刚离开紧贴的身体，还没来得及往里面充血让
它撑开的时候。

　　皱巴巴的翅芽尖端是玉石般的白色，翅基染以青绿，各种橙色调的
主翅脉用皴笔同它们交织在一起。像是一件唐三彩，又像是敦煌壁画的
残片。翅芽的全部精华浓缩于此，它蓄势待发，只待一展宏图。

继续前进，不远处的孩子们忽然发出一阵欢呼。人多眼亮，他们在草丛里发现了一条赤链蛇。赤链蛇是夜行蛇类，微毒，性情慵懒，是杭州植物园最常见的蛇。来此散步的普通市民并不知道植物园里蛇类的丰富程度，因为它们胆子很小，总是躲避人类。此刻的赤链蛇惊恐万分，一心想着逃走。在大部分小朋友都观察过一遍后，它终于被允许沿着树干攀了上去。

当我回到夜观队伍里，马上被两个小朋友拽去看蜘蛛网。一只棕色的新园蛛逮到了一只和它体型颜色都相仿的甲虫。它的网藏在距离地面半米的地方，且被低矮的树冠遮挡，换成是我一定会忽略它。和小朋友在一起就有这个好处，我们眼睛高度的不同决定了视野的不同，大家相互配合就能搜索更广阔的范围。

甲虫可能经历过剧烈挣扎，因为园蛛的网破了一大片。但此时大局已定，它被蛛丝结结实实地捆着，所有的附肢都收在身上，让我无法判断种类。园蛛受到我们几个近距离观察的影响，把甲虫带到网的边缘进食。它一只脚搭在叶子上，其余的脚还放在网上，这样可以随时朝任意一个方向逃走。小朋友们很快散去了，但甲虫屁股后面有一小团白色亮晶晶的东西引起了我的注意。

我通过相机仔细辨认，那是一团紧急排出的虫卵。这只甲虫是一位母亲，如同所有的母亲一样，它当前身负使命。这个使命即生产，由此而制定了不同优先级的事件。当甲虫被园蛛吸食，生命垂危的时候，它

身体内所有的系统全部关停，把所有能量供给产卵所需的神经和肌肉，让它的后代带着渺茫的希望活下去。我们在人类世界里见识过诸多为了保证后代生存的利他行为和母亲创造的生命奇迹，而在平凡的昆虫世界，每时每刻都在上演这样的英雄主义。

夜观团散场后，海豚把我领到一棵棕树边，树干上有两只他前几天发现的虫子。它们普通又常见，一只菜粉蝶和一个松寒蝉的蜕。不普通的，是它们两个相遇的方式。

因为对这两类昆虫有足够的了解，我看到这个场景的瞬间十分惊骇，然后在脑海中快速重演了事件发生的过程。百感交集。

蝉属于渐变态昆虫。它们小时候被称为若虫，从小若虫身上就能看到成虫的影子，比如蝗虫小时候就只是个头小并且没有翅膀而已。如果用一堆渐变态昆虫的成虫和若虫做连线题，八成不会搞错。它们的羽化和蜕皮的过程都很慢，一个娇嫩无力的身体从旧皮里一点点脱出来，就像一个大病初愈的人一样，需要长时间的休息才能恢复活力。渐变态昆虫在末龄若虫时，背上还只有两对小小的翅芽，除了蜕皮，还要靠体液泵入把它们慢慢撑开，变成原来几十倍大的舒展的翅膀，这个过程非常漫长。

同时，羽化过程也非常脆弱，如果若虫体力不足，或者空气湿度不够，都会卡在半路造成羽化失败，更别说在毫无防卫能力的时候遇到掠食者。很多电影里都有这样的场景：正方或者反方的人潜入对方的数据中心，窃取电脑上的资料。导演通常会给显示器上的进度条一个特写，再拍摄觉察到的被窃取方，通过蒙太奇的手法来回切换，不断挑拨观众的神经。结局通常有两个：进度条顺利走到头，任务完成安全撤退；进度条马上就要到头的时候，对方的安全人员到达现场，任务失败。由于这两种结局都经常出现，所以每次我们看这种场景的时候都要悬着一颗心。渐变态昆虫的羽化就是这样一个心急如焚但又必须按部就班的过程。

全变态昆虫小时候被称为幼虫，它们的样子和成虫完全不同，不熟悉的人会认为是两个物种，做连线题绝对无从下手。外形的差异通常带来食性的差异，所以它们可以避免食物资源的种内竞争，这也是它们大获成功的因素之一。从毛虫到蝴蝶这么巨大的变化不可能通过渐进式的蜕皮实现，所以全变态昆虫额外需要一个蛹的阶段，把幼虫的大部分器官消解为一团混沌，供给潜伏的成虫器官细胞团萌芽和发育所需的养分。它们把所有最耗时的步骤都在蛹壳内安静耐心地完成了，蛹壳至少提前24小时就和成虫的体壁分离，它成为一个庇护所，让昆虫在里面变得强壮。就像一个和衣而卧的人，醒来后掀开被子就可以下床，只需要到镜子前面整理仪容即可。羽化前夕，甲虫的鞘翅已经完全成形，而蝴蝶的翅膀也发育到一半大小，并且它们的足和触角都结实有力。蝴蝶的羽化，从蛹壳裂开，到拖着皱巴巴的翅膀爬出来，只需要十几秒。接下来的事情，就是找个地方让翅膀充分伸展，获得飞行能力。

但并不是说，全变态昆虫的羽化就高枕无忧。有时候就是造化弄虫，这短短的十几秒，老天爷也未必给。

十几天前，一条菜青虫吃饱喝足。它离开喜欢的十字花科植物，长途跋涉到附近的棕树上化蛹，以躲避那些靠寄主植物搜索它的天敌。它在树干表面蓬松的纤维上做了一个缢蛹。经历了十天的蛹期，它完成了蜕变，对即将到来的新生活充满憧憬。

当菜粉蝶努力撑开蛹壳的时候，从树下土室里钻出来的松寒蝉老熟若虫正沿着树干往上爬。这棵树用自己根部的汁液供养了它两到三年，在此期间，若虫用前足开挖隧道，巩固土室。它的前足特化为挖掘足，以适应这些重体力活。松寒蝉若虫爬到了一米多高的地方，感到晚风和煦，湿度宜人，于是决定在此开启自己生命中最神圣的羽化过程。

菜粉蝶从裂开的蛹壳里探出头，体侧的气孔贪婪地接受新鲜氧气的渗入。它晃动几下灵活的棒状触角，准备一鼓作气从蛹壳里钻出来。就在这时，松寒蝉若虫停下了脚步。它孔武有力的挖掘足刚好钳住了菜粉蝶的脖子！任凭脚下这个脆弱的鳞翅目昆虫拼死挣扎，懵懂的若虫竟一无所知。菜粉蝶的附肢已经充满活力，但它的活力在强壮的蝉科昆虫面前不堪一击。当松寒蝉若虫的背壳也裂开的时候，菜粉蝶停止了挣扎。一只昆虫的生命之火逐渐黯淡，而另一只正愈发蓬勃。

一个多小时后，松寒蝉调试好了巨大而美丽的膜质翅膀，它振动飞行肌，一跃而去，高唱赞歌；空留下一只蝉蜕，以及生命被定格在此时此地的菜粉蝶，用自己的身体作为墓碑矗立，年复一年。

夏夜虫鸣

—

　　8月下旬，夜晚的植物园徐徐展开一幅丰富的声景地图。虽然各种各样的青蛙们也到了献唱的时候，但它们比起无处不在的直翅目鸣虫的演奏就逊色多了。包括蝗亚目在内的直翅目成员大多具有发声结构，利用声音求偶。螽亚目用专门的乐器奏出乐音，从中诞生了不同版本的四大鸣虫。其中又以蟋蟀总科的成员居多，它们的祖先早在三叠纪就发展出了这一技能。

　　就像不同的人使用不同的手机铃声，每个人对鸣虫的喜爱也各有偏好。植物园里最打动我的声音，是草丛和灌木中不时传出的一长串清脆的金属唧唧声，略带点颤音，每一下都敲打在心坎上，五脏六腑都觉得舒畅，心中的阴霾也能一扫而光。这声音的主人是双带拟蛉蟋，俗称金蛉子，个头很小，翅面泛着金属光泽。雄虫的前翅上有大片的高反光膜区，而雌虫不发声，翅脉呈现出花生壳一样的纹路。它们平时经常跑到叶子上戏耍，很容易被看到，但是雄虫鸣叫的时候就回到隐蔽处了。我满足于漫步小路时黑暗中突然传来的一声惊喜，从未想过将它们据为己有。

　　杭州植物园24小时随便出入，但百草园仅

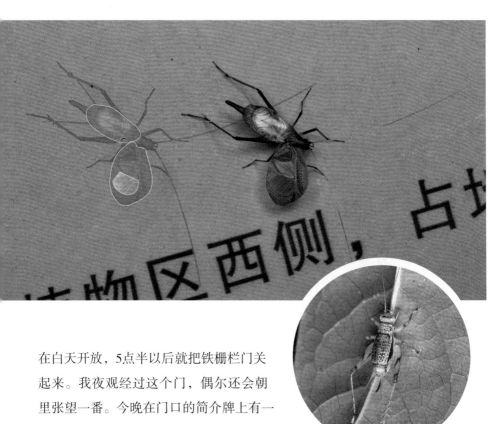

在白天开放，5点半以后就把铁栅栏门关起来。我夜观经过这个门，偶尔还会朝里张望一番。今晚在门口的简介牌上有一只日本钟蟋，它的右前翅好像出了问题，无法正常合拢。日本钟蟋俗称马蛉，又称金钟，也是鸣虫音乐王国里的大明星。它的翅膀不知道是外伤还是羽化残疾，总之再无法奏出华美的乐章，也不能成为昆虫摄影的完美模特，我不禁感到一丝惋惜。

但我旋即发现，正是因为这个残疾，它单独展示了前翅的发声构造。要通过标本整姿才能表达的教科书插图，一只活着的昆虫就做到了！

大多数昆虫的翅是左右对称的，蝗虫类用后足内侧刮擦前翅根部发声，尽管音量很大，但是并不动听。螽亚目的雄虫为了追求更高的音质，左右前翅的翅脉进行了不同的特化，相互配合发声。在蟋蟀类中，右翅在上覆盖左翅，而在螽斯类中，情况恰好相反，左翅在上右翅在下。蟋蟀右翅臀区的某根翅脉腹面特化为音锉，而左翅臀区边缘的翅脉背面特化为刮器。日本钟蟋在发声的时候把翅膀立起，让这两个部位相互摩擦，就发出了悦耳的声音。音锉上面密排半圆形的音齿，每毫米有数十到数百个，它就像一根平放在柏油路上被踩进去一半的长螺丝。刮器扫过音锉表面的音齿，就像我们用手指去拨梳子的齿一样。除此之外，它们前翅的中央位置还有一块圆形区域，翅面极薄，用于接收刮器和音锉摩擦的声音并将其放大，起到的作用和扬声器振膜一样，被称为发音镜。

钟蟋的右翅看起来比左翅大很多，其实只是因为它现在相当于包装展开图，而左翅为了包裹身体进行了折叠。

体形硕大的纺织娘从7月下旬开始登上舞台，它们的前翅翅脉高度拟态叶脉，并有着从绿到褐的不同色型作为保护色。暑假结束前是它们最吵闹的时候，有一些甚至能坚持到深秋。纺织娘亚科是比较罕见的发出噪声的一个类群，其声音如同老旧纺车发出的吱嘎声，尖锐刺耳，因此得名。在夏秋之交，雄性纺织娘展开竞争，声嘶力竭地吸引雌性注意，此时的植物园吵闹不堪。平时纺织娘会在人靠近到一米左右时静默自保，但是在求偶高峰期，即使用手指头戳也未必能让它闭嘴。

音锉和刮器并不是昆虫纲的专利。在安第斯山脉西部生活着一种名叫梅花翅娇鹟的小鸟，居然可以用特化的次级飞羽构造这一发声系统。

作为鸟类，明明可以用喉管发出更加轻松和婉转的声音，为什么偏偏要采用以翅膀发声这种费力不讨好的方式呢？物种的演化大多数情况下是通过自然选择来实现的，但是达尔文还提出了另外一条途径：雌性选择。它同样具有强大的力量。不管是出于什么原因，雌鸟就是对这个声音情有独钟。雄鸟被裹挟其中，毫无办法，只能投其所好，越走越远。为了适配高频的振动，它们演化出了鸟类中独一无二的加宽实心尺骨，这必然会影响其他方面的能量分配。这种小鸟模样可爱，翅膀发出的声音也清脆动听，但科学家认为该物种已经走在退化的路上。

　　我经常用这种小鸟的例子在昆虫课上安慰和女朋友吵架输掉的男生：或许你以为自己手中掌握的是真理，那又如何？掌握在女朋友手中的，是演化的方向！

　　百草园和韩美林艺术馆之间的岔路拐角处有一棵大樟树，树干上不知怎么受了严重的伤，产生了树体伤流。对昆虫和其他节肢动物来说，这就是免费的自助餐厅。巨大的金环马陆和体型虽逊但压迫感胜出的少

棘蜈蚣并肩畅饮，几只四斑露尾甲你争我夺，还有一些体型更小的甲虫沉浸式享受，令我怀疑它们会不会淹死。少棘蜈蚣广泛分布于长江中下游地区，是野外最容易遇到的蜈蚣科物种。樟树上这一只非常干净，仿佛知道今晚会入镜，精心梳洗过一番，油光铮亮。它的背板呈黑色，头部和第一背板以及所有的附肢都为橙红色，是标准的警戒色。粗壮的第一步足特化成捕食足，内含毒腺，是强大的捕食器官，平时就放在嘴巴附近，已经没有行走功能。这也是蜈蚣所属的唇足纲的称呼由来。

　　少棘蜈蚣拥有一对肉乎乎的触角，根部几节非常饱满，就像超市酱菜区摆的螺丝菜（甘露子）一样，让我感觉特别亲切。头部两侧各有四枚单眼，我拍了几张照片后，发现一个问题：两侧单眼群被触角给挡了个严严实实。也就是说，当我在蜈蚣的正前方跟它对视的时候，我们俩谁也看不见对方的眼睛。

这个问题倒不大，因为蜈蚣的天敌只可能来自它的上方，而不是前方的地面。单眼对头顶的光影变化十分敏感，但即使没有触角的遮挡，也看不清前面的东西。它们前行的时候主要靠左右晃动的触角来探路。

四斑露尾甲的名字来源于它鞘翅上的四个红色火焰状斑纹。这套符号和大蕈甲简直一模一样。同样的符号还会出现在葬甲、步甲等亲缘关系很远的鞘翅目昆虫身上。它就像甲虫世界里的时尚元素，广泛流传且经久不衰。

在植物分类区，我惊扰了一只在树干上觅食的蚰蜒，它一溜烟回到自己栖身的树洞，又有点不甘心，在门口和我对视。蚰蜒和蜈蚣都属于唇足纲，都是第一步足特化为毒牙。蜈蚣的攻击性更强，可大多数人更害怕蚰蜒，这是为什么呢？以我的总结，是因为它们两个的速度不同。蜈蚣每个体节有一对足，所有的足都一样长，爬行的时候有条不紊，就像一辆慢悠悠的绿皮火车；它们的远亲，倍足纲的马陆，每个体节有两对足，爬起来就更慢了。观看这两类虫子前进，就会信服一句话：腿多不一定跑得快。

然而蚰蜒不是这样的。它的足很长，而且每一对的长度都不一样，距离身体的落点相互错开，不会发生后脚踩到前脚的情况。古希腊的三层桨战船也利用了类似的原理，安排了不同长度的船桨，从而使战船获得三倍的动力。当蚰蜒抡开自己的腿疯狂奔跑的时候，简直就是磁悬浮列车。这会让你马上推翻前面的想法，认为腿多就是跑得快！

大多数人天生反感行动迅速的物种。因为"比人还快"这个特性践踏了我们的控制欲。蚰蜒、蟑螂、老鼠，它们的原罪就是跑得太快。我们

可以接受什么宠物呢？蚕宝宝、乌龟、趴着不动的小兔子……所以行动缓慢、爱干净、成虫还不长翅膀的马岛蟑螂就成为了一部分人的宠物。

我在几棵树木间转悠的时候，差点就撞上一只尺蠖。虽然大多数尺蠖模仿树枝已经非常娴熟，但有些尺蠖在造型方面就是要精益求精。这只垂耳尺蛾属的幼虫个头很大，能跟天蛾科幼虫相比。它所追求的，是外轮廓线从头到尾的流畅，不能有一丝一毫的卡顿。为此，它的头壳特化成了水滴尖的形状，胸节接住背面的曲线，最妙的则是腹面的曲线由紧紧收拢到一点的三对胸足完成。而这个交汇点恰好在口器的位置，在我看来它就好像在吃手一样，而且是同时吃六只手！

我看到结实的毛虫就忍不住要捏一下，就像别人看到可爱的小朋友要去捏脸蛋一样。而尺蠖除了拟态这个本领外并没有后手，它可能觉得刚才的表演还不够完美，又使劲把手往嘴巴里塞了塞，期待这次我能给它打一个高分。

当我结束夜观回到北门附近的时候，草
地附近传来落叶翻动的窸窣声。我的手电筒照
到一团黑影，原来是一只刺猬。刺猬是食虫目的
夜行性动物，它的目的和我一样，都是在植物
园找虫子。我想让它停下来，便试图像按住
一只虫子那样去按它的背。这有点难，虽然
手指往它的正后方用力可以同所有的刺都成
一个钝角，但它只要稍一侧身就会扎得我不
得不马上松手。刺猬对此毫不在意，它拿泛蓝
的小眼睛白我一下，继续赶路。凭着一身硬茬，在
杭州植物园没有什么动物能够威胁到它，它可能都忘记了什么是害怕。
几番下来，我只得眼睁睁看它优哉游哉地消失在深草丛中。

鞭蝎凶猛

———

9月初，海豚和木香约我去夜观。我们走了一条新的路线，从植物园的西北门进去，一路向西直走。

草丛里的虫子还真不少。叶足扇螳和三节叶蜂已经睡去，绿蟹蛛张开四臂守株待兔，而年幼的左旋巴蜗牛正伸长脖子嗅探食堂的方向。一只漂亮的蝗虫露出大半个身子，它看上去跟普通的蝗虫有些不太一样，一张马脸特别长，复眼大而凸出，触角却出奇地短。这是蜢总科的昆虫，这个类群以前有个俗名叫"马头蝗"。

一种虫子可以有很多俗名，而一个俗名可以指代很多虫子，所以俗名不能用于学术交流。这只蝗虫的（正式）中文名叫"摹螳秦蜢"，中文名是唯一的，可以在我国学术界通用。但是在进行国际交流的时候

需用学名*China manfispoides*，这是瑞典植物学家林奈于18世纪中叶创立的双名法。根据命名规则，学名由属名和种加词构成，且必须用拉丁文（或拉丁化的其他语种）表示。我国在秦朝时期就已经被遥远的欧洲所知，他们用类似的发音来代指这个神秘的东方国度。因此，秦蜢属拥有最霸气的属名：*China*。

一只碧伟蜓在山矾枝头进入梦乡。它停的位置很高，不过附近刚好有一段矮墙，我可以登上墙头和它平视。碧伟蜓翅展大于10厘米，性情彪悍，是城市里能见到的体型最大的蜻蜓，经常捕食体型比它小的其他蜻蜓。我眼前的昆虫体色华丽，翅脉精致，一双包裹整个头部的复眼深不可测。结实的胸部外骨骼里藏着强大的飞行肌，令它的时速可以轻松超过60公里。近距离欣赏这样一只堪称完美的昆虫，不禁让我想到它更加伟岸的远古祖先。

昆虫的呼吸系统跟我们人类不同，它们是被动式呼吸，当体内的氧分压因为新陈代谢而降低时，外界空气中的氧气经由体侧的气孔进入它的气管系统，扩散至各器官和组织。也就是说，当昆虫一动不动的时候，它已经在呼吸了。这让我们无法判断一只昆虫是死是活，也让制作精良的标本栩栩如生。

扩散作用可以渗透的距离非常有限，超过一定尺寸，内部器官会缺氧坏死，这是制约昆虫体型发展的最大因素。然而在距今约3亿年的石炭纪晚期，得益于大气中远高于今天的氧含量，现生蜻蜓的祖先中有些种类迅速崛起，其翅展超过70厘米，成为当时的天空霸主。

在树冠和灌木之间有一张缀了些垃圾的网，如果你相信网上那些碎末是在风力的作用下卷成了一根细长垃圾条，那么就中了艾蛛的诡计。大多数结网蜘蛛会定期清理自己的网，扔掉落叶和食物残渣，以保持网的捕获效率。而艾蛛属的习惯恰恰相反，它们会收集垃圾并打包成一定形状，让这张网看起来已经废弃，然后自己隐藏在里面。大多数情况下，即使知道这个特点，从垃圾堆里把蜘蛛识别出来也不容易。这只八

瘤艾蛛腹部的角状突起和乱糟糟的花
纹又增加了这件事的难度。

　　艾蛛的隔壁邻居，体形大得多的双峰
尾园蛛则采取另外一个策略隐藏自己。我找到的
这一只在槭树的低矮树枝和地面之间结网，几乎要趴在地上才能观察得
到。尾园蛛属蜘蛛的腹部末端延长并特化，模拟植物形态。双峰尾园蛛
的腹部背面是浅褐色，像树枝劈裂后露出的木质部。腹部向着末端一路
削尖，在中部两侧有一对钝圆的突起，随即开始在两侧出现模仿苔藓的
绿色，然后是突然出现的两个分叉，最后以一根毛茸茸的尖尾结束。它
在自己的肚子上展示了植物从根到茎的所有形态片段，让人完全忽略了
下面颜色暗淡的头胸部和收拢的8条腿。

　　这是一只雌蛛，它身边有一个圆锥形的卵囊，就像个窝头，卵囊上

挂了十几粒大型毛虫的墨绿色粪便，还有几段真正的小树枝。这些可能也是筛选后保留的。

正走着，一阵酸味袭来，我们和一只鞭蝎狭路相逢。

鞭蝎是蛛形纲有鞭目的古老物种，装备着粗壮的触肢。这触肢看上去怪怪的，就像戴了副三指手套。跟盲蛛类似的是，鞭蝎的眼神同样不好，它用加长的第一步足来探前面的路（盲蛛用第二步足）。不过它尾部还有一根长长的尾鞭，可以感知后方的情况。尾鞭很容易折损，面前这只的直接齐根不见了。

鞭蝎是这样一种生物，不需要眼睛看到，仅凭鼻子就能得知它的登场。当我们在它附近走动，地面的振动促使鞭蝎启用它独有的防御手段：高浓度醋酸喷雾。

醋酸的正式名为乙酸，是一种强度较高的有机酸。你可能觉得食醋并没有什么威力，但其中乙酸的含量不超过8%；鞭蝎的分泌物中乙酸含量高达84%，具有强烈的腐蚀性。另外还有5%的辛酸，其余是水。辛酸的作用是改变乙酸的物理特性，让这种水溶性化合物能够在脂质表面铺展和渗透。它们的混合物能够迅速破坏昆虫的几丁质外骨骼，对付蚂蚁简直像霰弹枪一样好使。对于脊椎动物脆弱的眼睛和呼吸系统黏膜来

说，破坏性就更不用说。靠着这招喷酸绝技，鞭蝎在灌丛和石缝里横行了3亿多年。

近距离面对鞭蝎的喷雾攻击是十分危险的，不过随着距离的增加，腐蚀物的浓度骤减。以喷射点为中心形成的半径大约5米的半球体范围内，气味可以识别。如果我站在这个模糊的球体边界，不一定能觉察，但是作为一个北方人，就会感到纳闷：本来今天是出来夜观的，这会儿咋就忽然这么想吃饺子呢？

我们绕开鞭蝎继续前进。过了没多久，他们两人在路边的排水沟里又发现了一只，它尾鞭完整，正在攻击一只中华大蟾蜍。鞭蝎用触肢紧紧掐住蟾蜍的躯干，一动不动，两只动物正在较劲。

蟾蜍的背上渗出了点点液滴，有黄色的、乳白色的，还有半透明的。毫无疑问这些分泌物有毒，这是它重要的防卫手段，可它们对鞭蝎厚实的外骨骼无法造成任何伤害。蟾蜍还有另外一招，就是把自己充气鼓起来，让天敌难以下咽，但这主要对付蛇，并且这一招在鞭蝎面前遭遇了更加彻底的惨败。

在蟾蜍尚能挣扎的时候，它们一起从石头上掉了下去，一开始蟾蜍白白的肚皮朝上，而鞭蝎躺在蟾蜍身子下面抱住它。蟾蜍的腹部确实鼓起了一点，但是就到此为止了。鞭蝎就像拧一块破抹布一样，用触肢把蟾蜍的胸部拧成了S形。此时我赶紧找出前一只鞭蝎的照片，仔细研究这恐怖的器官。触肢总共6节，最远端的5、6两节呈螯状，也就是蝎子、螃蟹都有的钳子结构；但是第4节的内侧强烈突出，且前端具齿，它和闭合后的5、6节构成威力更大的第2级钳子；触肢第3节没有特化，它主要充当连接件提高触肢的自由度，让4、5、6节可以弯到嘴边，等在那里的是触肢第2节往前突出的几枚巨型棘刺，它们共同构成了第3级钳子。

鞭蝎的触肢从末端开始，对蟾蜍的胸部逐级进行了3次暴击，一次比

一次有力。我估计蟾蜍的肋骨已经有半数断裂，肺容积也被压缩到最低。在力量方面，同等体型的节肢动物对脊椎动物是碾压级的，蟾蜍毫无胜算。它在成长过程中吞食了无数比它小得多的虫子。今夜，在公平的同量级对抗中，它只能在窒息与绝望中变成另外一只虫子的食物。

这是我见过的最凶残的猎杀场面，此后每每回忆起这一情景还心有余悸，总是不自觉地想象鞭蝎的3级钳台加载到我身上的感觉。

万幸的是，我们人类的体型远大于陆生节肢动物。那些与我们体型相当，甚至还要更大的恐怖生物只存在于科幻电影里。这真是太好了。

白云山灯诱

一

　　人们利用昆虫的各种趋性，吸引它们到来，进行科学研究。糖醋液和信息素是利用了昆虫的趋化性，茶园里常见的粘虫板是利用昆虫的趋黄性。春天穿着黄绿色衣服出门的人，不知不觉中采集到了许多有翅蚜。

　　而灯诱，则是指利用大部分昆虫所具有的趋光性，在夜晚用强光源将它们从藏身之地吸引出来，以逸待劳。灯诱是物种调查的重要手段，一般

在山区进行，在光源旁边设置幕布，方便飞虫停留。2017年姐姐租下白云山的农家院子用来种菜，第二年暑假的8月，我便实施了一次灯诱。

这个院子的前身是一家经营不善的农家乐。有一幢两层的板式小楼，面向东方，首层5开间，二层只有3开间，缺少的端头2间作为露台。一部室外楼梯通向用彩钢板屋面遮蔽的南侧露台。我把两米见方的幕布挂上去，距离半尺远吊了一盏450瓦的高压汞灯，它可以提供连续光谱。顶棚的遮挡会令效果大打折扣，不过我没有太多选择，院子里树荫更密。这是我自己的第一次带有实验性质的灯诱，并不追求尽善尽美。

姐夫在业余时间痴迷于侍弄蜜蜂，院子里有七八箱蜂。为了不影响它们，我在晚上7点半蜜蜂们都回到黑暗的蜂箱里休息以后才开始点灯。

有两类昆虫在最短的时间内做出反应。首先吸引到的是附近树上的黑蚱蝉，这些不知疲倦地嘶吼了一天的歌手刚刚在黄昏时分安静了片刻，夜场的灯光马上又把它们的激情点燃了！它们呼朋引伴，从四周的树冠里兀地飞出，直扑幕布；另一类是以麻皮蝽和茶翅蝽为首的各种臭虫，它们是黑蚱蝉的忠实粉丝，纷纷围坐在观众席上。

随着夜幕降临，虫子们渐次登场。根据距离和角度不同，各种墙面和地面都对灯光有不同程度的反射，虫子们依据自己喜欢的照度和重力方向各自选地方停留。所以幕布并不重要，灯光才是重点。

鳞翅目昆虫是当之无愧的主力军，也是令我着迷的类群。有一些种类非常好看，但它们无一例外都是蛾子，蝶类极少上灯。其实我灯诱的主要目的就是看蛾子。柳紫闪蛱蝶在院子里的槐树上冷眼旁观，对这个盛大的聚会毫不关心。

我调整好相机，从小楼对面刷了黄色涂料的独立厨房开始拍摄，然后缓慢拾级而上，朝幕布进发。每一级踏步，每一个拐角坑洞都隐藏着未知，那感觉就像玩闯关游戏，兴奋又刺激，手中的相机就是我的突击步枪。

厨房的墙面引来了牛虻、螽斯、蛉蟋，甚至还有一只巨大的水虿。小螳螂趴在窗台上，广翅蜡蝉抓着纱窗，窗角是一只棕静螳，它适应了这里的环境以后，便开始大嚼嘴边的蛾子。

螟蛾科里灰头土脸的那一些被我们称之为"扑棱蛾子"，比如米虫，它是印度谷螟的幼虫。其实大多数螟蛾风格清新，安静的时候触角像长辫子甩在身后。提起桃蛀螟，不难猜到我们吃桃子的时候，一口啃下去看见的半条虫子就是这个蛀果害虫。不过看到换上黄底黑斑的豹纹装的成虫，你说不定可以原谅它曾经的年少鲁莽。主要原因是：我们对

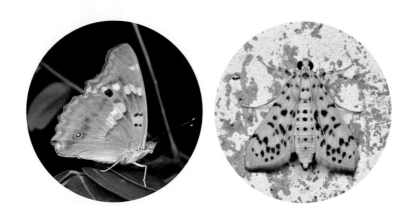

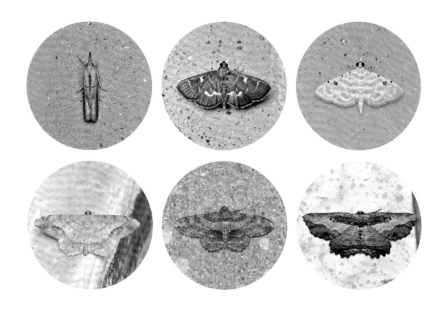

又大又圆又黑的眼睛抱有好感。

尺蛾科也是常见的蛾子类群之一，它们是尺蠖的成虫。尺蛾的外形都差不多，除了个别喜欢在白天扮成蝴蝶的样子，它们大多数会平摊翅膀贴在各种树上、墙上、草上。一只浅色的槐尺蛾停在水缸边沿，它小时候就叫槐尺蠖。北方多用槐树做行道树，夏天垂丝在半空中的"吊死鬼"就是它们，爆发之时能将一条街的槐树吃得片叶不留。然后幼虫垂丝转移，在树下形成珍珠帘子般的复杂虫阵。我读初中的时候就常骑车冲入阵中，练习各种闪躲技巧。

大部分尺蛾采用保护色，模仿不同形态的树皮或树叶。其中以尺蛾亚科的各种绿色系成员最为好看。它们种类繁多，归属也不同，这时候汉字含义的"冗余储备"就派上用场了，我们用绿尺蛾、青尺蛾、翠尺蛾和各种修饰性前缀编排出几十个中文属名。

　　停在白色幕布上的肾纹绿尺蛾看上去赏心悦目。它的底色是那种散发着勃勃生机的绿色，翅的外缘用褐色波浪线勾边，缘毛也是褐白相间。前后翅的交界处共同构成了一个镶褐边的复杂白斑，表示这里因为受到病害的侵袭而损失了叶绿素。我还可以过度解读，把位于翅面中室的四个小黑点想象成这个病害的早期症状。虽然尺蛾中不乏模仿全绿叶片的种类，但是加一点缺陷就会显得更加可信。单从色彩和图案设计来看，肾纹绿尺蛾拿出的方案简洁明快，干脆有力。

　　它的到来使得我在以后的灯诱中，都满心期待一只卓尔不群的绿色尺蛾，仿佛没有它这个夜晚就不完整。神奇的是，每次都能如愿。

　　晚上8点半，第一只天蛾光临。大型蛾类的出现是激动人心的时刻，天蛾科是其中的代表。它们身体强壮，有着战斗机一般的流畅外形，飞行能力极强。天蛾先围绕灯光盘旋，吸引我的注意，然后重重地降落。

　　很多天蛾通过用翅面纹理模仿不同颜色树叶的堆积效果来掩人耳目。构月天蛾很认真地做这件事情，我看到它的时候，忍不住在脑海里取了一片叶子跟着它卷。以它的左前翅为例，因为叶片干枯脱水，所以外侧的边缘先卷了起来，左下角的阴影效果表达出一个圆筒端头的形状，然后下缘的叶子也开始向上卷曲，它没能卷完一圈，因为左下角被先卷的部分挡着呢。但是右下角一小片因为欲望强烈，它从主体撕裂并且卷到了更靠上的位置，那其实是露出来的一点左后翅。

　　蓝目天蛾的翅膀上没有这么多细节，但是它留有后手。在危急时刻，它会亮出后翅巨大的蓝色眼斑来恐吓对方。而红天蛾则不管这一

套，它用鲜艳的玫红色来表达自己的特立独行。

　　普通人看见长得像树叶的蛾子，都会脱口而出"枯叶蛾"这个词儿。虽然大多数蛾子都有这个本事，但枯叶蛾科确实是正宗的科级分类阶元。这个科的蛾子都十分胖大，与一片枯叶的形象实在相去甚远，于是索性来模仿一堆枯叶。一只李枯叶蛾用前翅模仿立着的枯叶，下唇须模仿叶柄，后翅模仿平摊的枯叶。锯齿状的翅缘也很逼真地模仿了某些类型的叶片特征。本来这一套组合手段非常有效，只是它错误地停在了墙壁上而让自己暴露无遗。

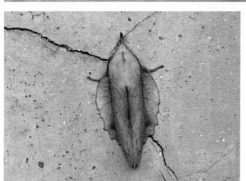

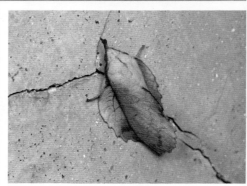

　　9点半，第一只绿尾大蚕蛾飘然而至。大蚕蛾科亦称天蚕蛾科，是我今晚最期待的蛾子之一，不过只来了三四只绿尾，且多已残破。没关系，观看这种手掌般大小的巨型昆虫在灯下逆光飞舞本身就是一种享受。

舟蛾科幼虫休息的时候喜欢把头和尾部翘起来，好似龙舟的形象，该科因此得名。它们中间有很多拟态高手，模仿小木片的槐羽舟蛾是常见种类，我将其称为嚼过的甘蔗渣。而掌舟蛾属致力于模仿各种断裂的小树枝，其中高度拟态的种类放在任何环境中都是一段树枝，而不会被识破。刺槐掌舟蛾翅膀模拟树皮的灰色，头部和腹末模拟树枝被粗暴地掰断后露出的白色髓心。最精彩的是翅端的褐色大斑，表示"那里原来有个分叉可惜它断掉了"。这类蛾子刚刚降落时，翅膀也是普通的屋脊状，但它们马上就会卷起来让身体成为圆柱形。

　　到了苹掌舟蛾这里，画风突变，成了黑白系的鸟屎配色。

玻璃窗贴膜上的杨小舟蛾样貌平平无奇，但是因为我俩的名字里有两个字相同，居然有一种亲切感。它还曾出现在我教室门口贴着的课程表上。

　　刺蛾科的幼虫俗称"洋辣子"，本地方言称"刺丫子毛"。就单一个体给人造成的痛苦而言，它们的能力超过马蜂。幼虫剧毒，当然要走警戒色路线，它们都有很强的视觉冲击。但成虫就失去了毒素的保护，外观马上变得朴素，很难引起注意。其中黄刺蛾和各种绿刺蛾比较常见。

　　我没有看到扁刺蛾的成虫，但是在院门边的杨树上找到一只幼虫。它像一块薄荷糖，只不过背上和体侧各有两列刺枝让它凛然不可侵犯。我卷曲叶片，让幼虫露出头部，它真正的头壳外面还有一个半透明的头套，像运动服的风帽一样。这也是刺蛾科幼虫的重要特征。

夜蛾类的成虫外形非常多变，既有自己的特点，又很容易和其他科的蛾子混淆。对它们来说，模仿树皮只是基本技能，扮可爱，扮酷炫，各种风格均不在话下。

钩尾夜蛾翅膀的配色同掌舟蛾属拟态的小树枝异曲同工，这是趋同演化的结果。虽然没有掌舟蛾的逼真，不过它高举的尾部创造出一个真实的侧枝。

蓝目天蛾用后翅吓唬人的把戏，毛翅夜蛾也会。它的后翅外缘是橙红色，基部是黑底上的亮蓝色弧形条纹，就像某些服务机器人的字符表情包面孔。让它们露出后翅需要适当的刺激，这一只好像根本不把我放在眼里，认为后翅只要露出一半就足以把我吓跑了。

绕环夜蛾就懒得那么含蓄，它把谜一样的螺旋眼斑大大方方地放在前翅上，像一条面对镜头露出微笑的毒蛇。

我差点在楼梯上踩到一只灰色的"小青蛙"。定睛一看，居然是只蛾子，这是去年暑假就登场过的胞短栉夜蛾，当时我对它是否拟态枯叶心存疑惑。今晚，在昏暗光线和我强大想象力的配合下，这错觉如此真实。我仔细研究了它的花纹，特别是把假青蛙腰部躯干和后腿区分开的那两条白色高光，越看越像。我曾经以为这就是答案，但是这个猜测在逻辑上经不起推敲：它怎么可能模仿另一种更好吃的猎物呢？

灯蛾亚科的幼虫就是通常意义上的毛毛虫，毛簇发达但一般没有毒。成虫形象比较统一，为轮廓呈狭长的三角形，翅膀屋脊状合闭，像一件带毛领子的大氅。人纹污灯蛾的知名度比较高，是因为它背上的人字形黑斑。边上一只黑斑均匀散布的是雪灯蛾属，它不是黄星雪灯蛾就是红星雪灯蛾，只要掀开它们的大氅看看腹部的颜色即可。我没有去

掀，所以它的身份也就无从解开了。配色最经典的莫过于红缘灯蛾，黑白纹袜筒，白色长裙配恰到好处的朱红色勾边，特别是头部的两道红色发带，分明是精灵国的公主驾到。

黄毒蛾扒在栏杆后面，露出羽状触角和一对可爱的黑眼睛。而柱子上的盗毒蛾一袭白袍，像位世外高人，袖子上的流苏更显得仙风道骨。不但如此，它背上的长毛要在正侧面才能看清，如海底生物般随波轻曳。

我花了几个小时耐心扫平短短十几米的大小关卡，零点时分终于踏上二楼平台，从背面接近幕布。象蜡蝉站在墙上的一颗锈铁钉端头，仿佛这里是它的荣耀石；大星步甲守在露台落水口前面，稍有惊扰便躲进去。它难道不知道塑料落水管只有短短的十几公分，刹车不及时就会从二楼摔下去吗？有一只多年未见的虫子也跑来凑热闹了。虽然它酷似

一只大蟑螂，但和蟑螂的关系也仅仅是同在蜚蠊目而已。这是地鳖蠊科的雄虫，雌虫没有翅膀，便于在土里钻来钻去，俗语里的"土鳖"指的就是它。同时它也是一味中药，称为"土元"。它们对生存资源索取甚少，几锨腐殖土便可营生，我小时候几乎家家饲养。

有些虫子在幕布上体现了物以类聚的特点，因为它们除了有着共同的光线偏好，还会分泌聚集信息素。蝽类聚集在上部三分之一，而瓢虫则占据最顶端的一条线。这些颜色和斑纹各异的瓢虫看上去种类丰富，不过全部都是同一个物种：异色瓢虫。它是多型现象的典型代表。

马上要通关了，可我不敢面对幕布正面的关底大boss——有20只以上的黑蚱蝉霸占着幕布以及灯下的地面。它们推推搡搡，为一点小事吵得不可开交，并频繁起降，冲撞幕布上其他的虫子，还抓破蛾子的鳞片。肯定有很多好虫子忍无可忍地离开了。我在幕布背面的安全区域拍摄到两点钟，然后去一楼房间睡觉，打算等凌晨知了们安静的时候再去正面拍。

在我辗转难眠的几个小时里，知了们从来没有安静过。它们甚至像白天那样掀起一轮轮大合唱。半夜里起了很大的风，由于幕布四角固定得不够牢固，当凌晨5点我返回平台的时候，亲眼看到它正以半米的振幅剧烈抖动，每一次都掀走了很多虫子。现在上面的虫子总数甚至不及昨晚的三分之一，我欲哭无泪！

短短的半小时后，天光放亮。第一只蜜蜂来到了幕布上，我赶紧关掉灯。狂风帮我完成了把虫子从幕布上抖下来这个棘手的工作，大多数虫子都去寻觅白天的隐蔽所了，那些躺在地上看起来半死不活的黑蚱蝉，像忽然惊醒的醉汉，感觉到现实世界的饥肠辘辘。我看着它们就来气，飞起一脚，把其中一只踢下露台。没想到它在半空中振翅，划出一道帅气的弧线飞到了树上。我于是如法炮制，将它们一只只踢回去，顺便过了一把球星瘾。被彻夜的狂欢真正伤害到的是那些蛴科的臭虫们。大约一半的蛴在这场演唱会结束后死去了，看来它们的身体素质不适合熬夜。

当我收拾东西准备下山的时候，看到隔壁房间的内墙上停着一只中华树蚁蛉。脉翅目蚁蛉科的幼虫在沙土地上挖掘漏斗状陷阱捕食失足的蚂蚁，被称为蚁狮。它们的亲戚，草蛉科的驼背幼虫则被称为蚜狮。脉翅目成员有个特点，小时候都极其丑陋，长大后又极其漂亮。

蚁蛉的幼虫告别尘土中的蛹室，蜕变为轻盈的林间仙子。它通透精致的翅膀上的黑斑像造物主不小心洒上去的墨迹，又像是故意留下的神秘符号，带给我无尽遐想。

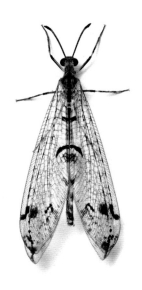

奔向光明

—

2005年夏天，我作为带队老师之一，领着建筑学二年级的同学们远赴太行山进行美术写生实习，得到这个机会全靠系里一位美术老师脚腕骨折（几年后另外一位美术老师以同样的方式把我送去了安徽宏村）。写生基地在海拔1700米的郭亮村，老师们住在村长家。到了晚上，其他人在露台上打牌，我则在墙上找虫子。接近午夜的时候，我感觉有人在背后拍我，回头看却没有人——这是第一只巨大而强壮的箩纹蛾全速撞击造成的错觉。

箩纹蛾科，因其翅膀上类似箩筐的纹路而得名。我穿的浅色短袖衫起到了幕布的作用，接下来越来越多的大型蛾类被灯光吸引而来，从各个不同的角度撞向我。我居然很享受这个过程，伸开双臂，仿佛自己是攀在帝国大厦顶端的金刚，毫不在意那些简陋的双层翼战斗机的扫射。

我那天把人生中见到的第一只蚁蛉

当作蜻蜓。当时我并不知道绝大多数蜻蜓和蝴蝶一样，不会上灯，也没有注意到它长长的棒状触角。现在看这张照片，打死也不相信自己竟会混淆两类差异如此明显的昆虫。我们总是在缓慢的成长中选择性地忘记曾经的稚拙。

给我留下最深刻印象的是榆绿天蛾。各种深浅的绿色斑块组合带来极大的视觉愉悦。从那天起一直到现在，我的梦想都是有朝一日使用以它的花纹为主题制成的床上四件套。

2007年，生态摄影师唐志远来到杭州，我作为地陪之一和他去天目山采风，那是我第一次见识到正式灯诱。和老唐一起从北京来的小黑告诉我，一定要把衣服扎紧，否则虫子会钻进去。说完小黑掏出一个形状复杂的头套戴了起来。我被唬住了，想用塑料袋自制一个，可惜没有成功，只能用棒球帽凑合了。

点灯后，面对铺天盖地而来的飞虫，我很快就发现一个问题。即使把领口袖口全部扎紧，也会因为拍摄过程中的动作造成衣服变形，而让飞虫乘虚而入。接下来它们就会遇到一个大麻烦：找不到出口。我还发现，现场只有小黑一个人戴了头套。

大多数问题都有一对截然相反的应对策略。要么把自己裹得滴水不漏，要么就漏洞百出，让虫子们来去自由。当晚来的主要是蛾子，我并不怕它们。我解开领袖，很快接纳了几十只小动物，它们在我前胸后背还有胳膊肘里探来探去。然后我一甩袖子，嘴里念一声"走！"三五只蛾子就从宽大的袖口一涌而出，各自飞散，就像孙悟空拔毫毛变出了小猴子，好不潇洒！

十几年后，5月底的一天，我在厨房洗碗的时候，忽然听到窗户发出噼里啪啦的声音。我抬起头，看到外面有几十只黄褐色的飞虫正在撞击玻璃和隐形纱窗。这是白蚁的婚飞大军，即使身处都市也不可避免。每年特定的几天，它们不约而同从隐藏在旧宅和绿地的巢穴里钻出来，集结成动辄数十万的大军，投奔上百平方公里范围内的每一个强光源。

我在纱窗后面看它们徒劳地乱撞，幸灾乐祸。突然，像恐怖片里的场景一样，有一对白蚁从纱窗盒的后面出现了！然后我听到身后也传来了噼啪声，有七八只白蚁正在撞击客厅的吸顶灯。我来不及思考我家沦陷的原因，但我知道让白蚁们停止进攻的方法。我迅速关掉了家里所有的灯，于是在一片黑暗中，窗外安静了。

现代住宅里没有白蚁可以筑巢的东西，那些先遣队会默默地死在某个角落。但它们是怎么进来的呢？第二天，我研究了一下隐形纱窗的构造，纱窗框的四边同窗框紧密贴合，没有破绽。纱窗盒外侧，有一道朝里的毛刷条同纱窗接触，作用是封闭这个缝隙，并且在纱窗开合的时候清洁它。一只正常的昆虫，遇到这个地方的阻力，就会转身离去。但是受到光源吸引的白蚁婚飞蚁，绝对不是正常的昆虫。

西方影视作品里的僵尸形象一直都是步履蹒跚，动作缓慢。但是2013年上映的恐怖片《僵尸世界大战》（*World War Z*）改变了一切。这部影片里的僵尸们以百米冲刺的速度奔跑，且不知疲倦。它们能在短时间内用同类身体堆起一座小山，把已经升空的直升机给拽下来，给人极大的震撼。此时的白蚁就是这种状态。它们不顾一切地向光源方向冲击，尝试各种可能，不计后果，不留余地，哪怕翅膀留在外头也在所不惜。毛刷条承受不住这种级别的冲击，突破后的白蚁只要绕纱窗卷轴一圈，就可以从前面未设防的部分突入室内。

应对这种情况其实也很简单，早睡早起的人就完全不知道前一晚的惊心动魄。退一步讲，只要不是本小区最后一家熄灯的就好。

能够建立下一代巢穴的婚飞蚁少之又少。它们大多数只是给自然界的各种肉食性动物提供了一顿饕餮大餐。平日里无论捕食能力多么不济，此时都可以分一杯羹。天空中的白蚁迟早会失去飞行的力气，跌落到拾荒者的面前。但是在野外灯诱的时候撞上白蚁的婚飞季会导致灾难性的后果，幕布将完全被婚飞蚁覆盖，并且这个问题无解。

灯诱是一件看上去很美好的事情，它不单诱虫，而且诱人。对于一部分把加新当成执念的人来说，夜观的尽头是灯诱。

采风和灯诱，是两种截然相反的接触昆虫的方式。前者需要跋山涉水开辟路线，揭开和进入各种隐秘生境，路途中惊喜与危险并存。有时候付出很多却收获很少，这样做的结果，便是珍惜每一次发现，感谢每一只个体，从而更细致地观察昆虫的生活。

灯诱是守株待兔。短时间内各种虫子蜂拥而至，物种极大丰富，有一种不劳而获的窃喜。然后就是挑三拣四，厚此薄彼。被灯光迷惑而来的昆虫只会展示它们的身体，而不会展示它们的正常行为。科学研究把灯诱作为本底生物调查的重要手段，以获取标本和物种信息，而普通的自然观察者只能从中感受宏观层次上的小美。

灯诱结束时，不是所有的虫子都能全身而退。像蜉蝣这类成虫期极为短暂的昆虫，如果把宝贵的时间耗费在灯下，可能就没有精力飞去附近水体做产卵这件更重要的事。自从人类发明电灯以来，昆虫是受影响最大的野生动物群体。

于我来说，采风是家常菜，赖以为生，灯诱是大餐，偶尔解馋。我庆幸自己已经建立对自然的真正热爱，不会逃避采风的辛苦。况且，每一次林间漫步，都是一次心灵的疗愈。

一直以来，人们都使用挂式幕布。它携带方便，白床单也可以替代，但它的缺点是需要有地方绑绳子。如果在空旷的地方灯诱，则要额外携带三支加长三脚架，两支挂幕布，一支挂灯。最近几年，市场上出现了一种帐篷式的立体幕布，一般称之为灯诱帐篷。

它的骨架系统和常用的野营帐篷相同，就是两根弯成拱形的骨架相互交叉，从上方看都是一个X形。不同的是野营帐篷的布料围合了矩形的四条边，而灯诱帐篷围合的是中间的两条对角线。它可以提供八个观察面，顶部还可以加防雨布，即使在小雨天气也不影响挂灯。

中国的很多乡村都坐落在物种多样性丰富的山谷中，这也是灯诱的好地方，并且方便从村民家里接电。以前大家绑好挂式幕布时，村民们以为是来放电影的；现在支好帐篷式幕布，他们又会以为是来野营的。不过这种误解持续不了几年了。由自然机构组织的夜观和灯诱活动正在全国如火如荼地展开，相信在不久的将来，村民不但可以出租设备，带上发电机领你去最佳挂灯点，甚至经过培训后把诱来的虫子鉴定到科也不是没可能。

对于专业工作者以外的人来说，灯诱不应仅仅是一件好玩的事，它还可以有无数种可能。拿我喜欢的蛾子来说，它们大多数都是模拟不完美的植物形态，通过各种咬痕、枯败、霉变、鸟粪等元素来"抹黑"自己，增加真实感，并在二维翅面上通过高对比像素来伪造出可信的三维效果。在这个过程中，它们顺便创造了美。还有一些，很难找到它们演化出那些图案的理由，好像就仅仅是好看且对生存无害而已。这种在幕布上所展示出来的生物多样性，对于艺术家和设计师来说，有着不可抗拒的魔力。

2022年7月，我参加了浙江省丽水市遂昌县独山古寨的一个研学创作营，朋友付晓东邀请我进行一次跨界艺术合作。付老师是艺术家兼策展人，正在中国美院做访问学者。独山古寨有着悠久和辉煌的历史，汤显祖曾在此创作《牡丹亭》。村子中心偏南的地方有一座建于明隆庆年间

的石牌坊，付老师考察此地时，突发灵感。她在我的朋友圈里看到的灯诱帐篷，亦像一个蓬松的裙摆，于是设想把一件巨大的白色汉服挂在上方，让帐篷成为汉服的延伸。

明代牌坊下进行的明式汉服灯诱大秀，这个想法令人拍案叫绝！

虽然村子里并不是一个理想的灯诱地点。但是从艺术角度评价，我们合作作品的现场部分非常成功。点灯之后，绢质的汉服和帐篷浑然一体，配合天衣无缝。古老牌坊的幽暗轮廓呵护着通透空灵的汉服帐篷，飞蛾从四方赶来，逐光萦绕，将时空穿错的神秘感渲染到顶点。

回杭后，付老师依据百蝶图的传统，把灯诱现场以及理论上遂昌本地有分布的蛾子绘制到汉服上。完成了我们共同创作的那件名为《霓裳羽衣曲》的作品的非现场部分。

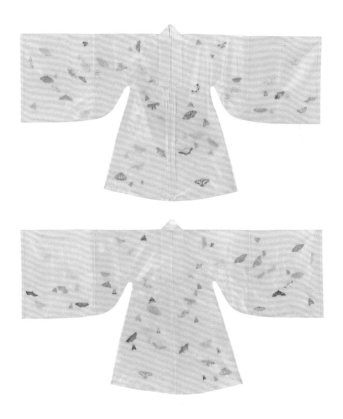

我现在已经不满足于仅仅把昆虫世界的美好绚丽分享给热爱自然的人，我要把它分享给所有人，包括对自然一无所知的人，以及对自然不屑一顾的人。这就是我心中那份无法抗拒的光明所在。

无论何种行业，一个锐意进取的人都会从大师作品中寻找灵感，而大师的灵感汲取于自然。

Following
Insects 2

拨开迷雾

采风时发现的未知现象令人兴奋。
因为它预示着有趣的知识即将增加。
有时候专业的朋友可以直接给出答案，
更多的时候要靠自己的不懈努力来解谜。
人类是喜欢推理的动物，
每一次头脑风暴都让我快乐无比，
走过的弯路、错路同样令人兴奋。
不是每个谜题都能找到答案，
需要敏锐的直觉、丰富的联想、可靠的朋友，
还有一些好运气。

我在心中埋下每一粒好奇的种子，时常挂念，
等机遇令它们萌发，然后浇水，照看。
有些会结出硕果，有些止于花期，
而有些还在耐心地沉睡。

草尖上的小可爱

—

在寄生性昆虫的全部类群里，寄生蜂是如此成功和高调，以至于我常常会忘记还有其他营寄生生活的类群。

2018年10月下旬，我去诸暨采风。开机的第一张照片就给了一只红白相间的小茧蜂，茧蜂属里颜值这么高的可不多见。

　　落光叶子的胡枝子上挂着一大堆茧蜂的茧，足有数百只。寄主得是一只非常巨大的毛虫，才能供养它们。如此众多的寄生者聚在一起很容易吸引来重寄生者。一只广肩小蜂已经在网兜表面探测，那些处在外围的茧子凶多吉少。

　　悬茧姬蜂的小罐子是迷人的工艺美术作品。它们也寄生毛虫，为了避免在毛虫被天敌捕食时陪葬，末龄幼虫会钻出来并且爬行一段安全距离后化蛹，甚至这些还不够，它还会再垂一条丝到半空中，做一个厚实的茧保护自己，好同那只倒霉的毛虫彻底撇清关系。在乱风的作用下丝会缠绕到植物上，只剩下短短的一截挂着那只黑白分明的小罐子。

　　在这只茧附近不到一米，贴近地面的五节芒叶子上，我发现两个形状尺寸都同它相似的小东西，从体节构造看得出来这是两只蛹。叶片下部有丝垫，上端被丝拉结收紧而弯曲，两只蛹就粘在中脉上。

　　我被它们所吸引，但一时无法判定这个状况，经过激烈的思想斗

争，最终在返程的时候把这段草折下来，装入50毫升离心管带回杭州。

从这一天起，我开了一个可怕的先河：我开始往家带活的虫子了！

我把照片发到昆虫交流群，有人猜测是感染了白僵菌的蛾蛹。我也倾向于这个结论，但是有个地方百思不解：蛾蛹的相似度是很高的，不像蝴蝶蛹那样千变万化，所有的蛾蛹都和蚕蛹长得差不多，顶多胖瘦有别。蛹壳表面能看到像浮雕一样拼在一起的眼睛、触须、翅膀和腿等器官的轮廓。

这两只怪蛹只有一环环的体节表明节肢动物的身份，其他的一概看不出。但是它们的样子又确实可爱，像两只小猪仔在凉亭边聊天。

我把离心管竖在显示器旁边，保证它始终在我的视野范围内。一周后的某天晚上，我正在读书，眼角余光捕捉到一个跳动的黑影，它来自显示器外右下角附近。我的桌面比较乱，心绪也还停留在书本内容里，不过离心管里的东西穿透层层阻碍向我传递狼烟。

我先是看到一只，后来确定了是两只灰突突的苍蝇。从它们身上发达的鬃毛，我判断出这是寄蝇科昆虫。

等一下，寄蝇?！

我赶紧看那两个白色的蛹，蛹壳已经破了，顶端打开一个圆圆的盖

子，表现出环裂亚目的特征。也就是说，这个类群的蛹壳是按照一个水平环切裂开的，以对应于从后背纵向裂开的直裂亚目。怪不得它们不像任何鳞翅目的蛹，这是两只双翅目蛹！

兵多将广的寄生蝇类如果知道我如此忽视它们的存在，肯定气得复眼露凶光，平衡棒乱晃。但是蝇类当然不会吐丝，所以蛹虽不属于蛾子，这个简陋的构筑物却真真是鳞翅目幼虫的叶巢。

我的兴趣被点燃，强烈想要知道这片五节芒的叶子上发生过什么。虽然只有寥寥几段丝，却也是一种特征明显的叶巢，据此有老师指出，它可能属于弄蝶科幼虫的作品。

我首先联系了江西中医药大学的贾凤海老师。贾老师是蝶类全虫态研究领域的权威。他确认了寄蝇寄生蝶蛹的事实，并通过叶巢形式鉴定为谷弄蝶属。仅凭建筑风格就可以确定虫子的身份，这可是我梦寐以求的技能啊。

现在，我可以让时光倒流到弄蝶预蛹前的阶段了：

怀着寄蝇的弄蝶幼虫选好位置，在五节芒叶子表面铺设丝垫。然后它在上部的叶子边缘制作两个锚固点，在这之间不断拉丝并逐渐收紧，让叶子比自然状态下更弯曲，形成一个半开敞的庇护所。它还用了六七股粗的丝连接相邻的叶子，增加整体结构的刚度。当它打算在叶子下部同样做收紧工作的时候，发现被它拉过来的那根叶子挡住了主叶的边缘。它只好退里一点，在丝垫上做锚固点。但丝垫无法承受越来越强的拉力，它被撕脱了。事已至此，弄蝶幼虫来不及修整，于是它象征性地把这项工作做完，在底部挂上尾钩，准备预蛹。

潜伏在谷弄蝶幼虫体内处于第三龄的寄蝇幼虫察觉到了毛虫的变化。两条吃饱喝足的蝇蛆突破毛虫的体壁，爬到上方化蛹。它们把自己粘好以后，先蜕皮成为四龄幼虫。它们并不像蚕宝宝一样把老皮弄得皱巴巴地脱掉，而是直接体壁分离，四龄幼虫藏身在完整的三龄皮中。然后它用同样的方法蜕去四龄的皮而正式化蛹。两层幼虫的皮在分泌物黏合下干燥后成为坚固的外壳，称之为围蛹。

那只被掏空的谷弄蝶幼虫，则在死后干缩、掉落，不知所终。没过几天，两只蝇蛹被我发现，当初为连接两片叶子而铺展的丝质基础的一端被我拽下来以后就形成了后面那几把阳伞一样的结构。

现在，一个新的疑点浮出水面：那层白色的粉是什么？不过在探索这个之前，我有两只苍蝇要照顾。

蝇类是非常活跃的昆虫，它们在离心管以及后来转移的培养皿里乱飞乱撞，精力十足，就像宝葫芦里的孙悟空一样，断不敢放出来。我本来打算将它们饿一下，等到疲态显现的时候再开盖拍摄。

但是我显然低估了蝇类的天性。三天后，其中一只明显体力不支，它的一对前足已经完全丧失功能，并且向腹部蜷曲，呈现那种死苍蝇才有的状态。剩下的四条腿不容易保持平衡，在它爬动的时候因为缺少前足的支撑，头部不断撞到底板上。然而它的飞行肌好像完全不知道其他肌肉群出现的严重状况，依然保持着旺盛的活力。

看来我原来的拍摄计划是难以实现了，照这样下去，哪怕它的六条腿全部不听使唤了，它照样会飞来飞去。此刻的我就如同迫降失败的飞行员，赶紧重新拉升，再想办法。眼下，我得先恢复它们的体能。

对于刚羽化就被囚禁的昆虫来说，它们最需要的是什么呢？我设身处地地思考，如果我从一个超长的梦里醒来，首先想得到的应该是水。于是我把滴管伸进培养皿，释放了一小滴水。但是水不会释放气味，漫无目的的寄蝇对其视而不见。我等不及，直接摇晃培养皿，让寄蝇滚到水滴旁边。

刚刚还四处乱窜的寄蝇一接触到水马上安静。它面对水滴认真站好，从硕大的红色复眼间降下小小的舐吸式口器，就像宇宙飞船着陆后伸出的小型升降梯。这是我第一次看到它显露自己的口器。寄蝇的口器要比家蝇的小巧得多，因此看上去没有那么恶心。它用前足捧着水滴，垫子一样的口器亲吻着表面的水膜，像在抚摸稀世珍宝。

寄蝇喝水的时候很乖巧，我可以放心敞开培养皿的盖子拍摄。它的大眼睛呈现红豆沙般的色泽，在身体各种灰度的衬托下显得特别素雅。

过了半个小时我再去看，奇迹发生了。寄蝇原来已经僵死的前足恢复了活力，而且好得跟新的似的。一只完全健康的寄蝇在培养皿里跑来跑去！

看到此景我赶紧去喝了一大杯水。

现在，两只寄蝇性命无虞，我便有时间来研究一下它们的蛹壳。用小刀可以轻松地刮下白色粉末，它们甚至可以像墙皮一样脱落。对此我向菌物爱好者曳尾菌请教。

从表面上看，确实很像白僵菌之类所为。白僵菌属是凶猛的虫生真菌，它们从飘落在昆虫体壁上的孢子开始，在适当的条件下萌发，溶穿昆虫的几丁质外壳，在其体内生长菌丝，吸收营养。最后，菌丝突破虫体，在其表面形成白粉状，再次释放孢子到空中，生生不息。

在同曳尾菌的交流中，出现一个悖论：当菌丝布满虫体的时候，被感染的昆虫是绝无生还可能的。更不用说羽化出两只活蹦乱跳的寄蝇了。因此，虽然看上去很像，但它不是白僵菌。

接下来还有两个可能：

蛹壳表面的物质发霉，或者蛹壳本身的附带物。

关于第一点，寄蝇钻出弄蝶幼虫体外的时候，会不可避免地沾满寄主的体液，在我去之前，诸暨的确下过几天雨，如果是体液发霉倒也说得通。

曳尾菌建议我观察白粉的微观结构，看看能否找到孢子这一菌类的明显特征。

我有一台十分破旧的老式显微镜，是十几年前朋友在隔壁单位设备报废时，从垃圾堆里拣了零件拼凑出来送我的。它勉强能应付细胞观察之类的工作，而小到孢子，它可无法胜任。于是，我通过本院的研究生联系到生命科学院的张志芳同学，蹭了一台显微镜，并请她帮忙做了个切片。不过由于张同学不是菌类专业，她不能就视野中的东西得出明确结论。

我心急如焚，第二天冒雨去了浙江大学农学院，继续蹭更好的显微镜。经过生物所楼老师的辨认，该粉末没有孢子和菌丝等明显的生命结构，排除了菌类的可能。

那么只剩下最后一种情况：

白色粉末是蛹壳表面的衍生物。

是时候知道它们的名字了。我给两只寄蝇喂饱了蜂蜜水，寄到沈阳师范大学。张春田老师做寄蝇分类，经他鉴定，两只均为雌性带柳蠹蛾寄蝇（*Xylotachina diluta*），已知寄主是木蠹蛾科昆虫，我的观察给它增加了弄蝶科的寄主记录，算是对科学的小小贡献。但是关于它的蛹，并没有资料记载。

这层粉末应该是蜡粉。蛹体表面的蜡粉，在弄蝶科中也比较常见。主要作用是疏水、防霉。在本例中，我认为除此之外还有伪装的作用。毕竟这个黑白相间的东西很像两粒粪便，或者就是发霉后不能吃的东西。

更进一步：发霉的粪便。

猎蝽的奶瓶堆栈

2014年7月，我第一次参加自然影印在井冈山的年会。报到那天，林场的何桂强场长陪我去附近转悠。我拍到一个奇怪的卵块，何场长告诉我这是猎蝽的。它已经孵化变空，呈现深浅不一的褐色，没有很强的视觉冲击，个头又小，因此没有引起我太多关注。

年会第三天，我在路边草叶子底下看到了类似的未孵化卵块。这次可是豪华加量版，它们有着纯白和深紫的强烈对比，顶部卵盖形状的精致和诡异难于言表，像是酒吧橱柜里精致码放的玻璃器皿。与会者里没人此前看过类似的东西。大家一致夸赞我这个拿卡片机的菜鸟眼力好。

我猜不到那些卵盖"把手"末端的小液滴的作用，但并不妨碍我对于美的欣赏。从侧面看，那些卵盖形成的序列同草蛉的卵一样让人联想到音符，但是它的乐章更加华丽。

2015年出版的《嘎嘎老师的昆虫观察记》里，作者林义祥老师（笔名嘎嘎）提到自己在1994年就拍到了类似的卵块，并称其为"番茄汁奶瓶"，后来鉴定为六刺素猎蝽。

在野外再次见到它，是2019年6月中旬在杭州植物园，万能的百草园本草轩。我的知识储备比五年前有了一些提升，并且换上了单反相机。

这个卵块粘在头顶的混凝土横梁下面，所以我没法拍摄它的正侧面照片。在配不起梯童的情况下，身高每多一公分都是优势。这一款的透明液滴并不明显，白色部分更像是一个个奶嘴。

几天后，我收到消息，猎蝽孵化了。可这正是期末最忙的时候，我一直拖到十天后才有机会再去植物园。居然还有三只若虫守在卵块上，它们的耐饥力真的非同小可。

9月25日，就在异腹胡蜂的越冬集群待的那棵锥栗树上，我看到另外一个猎蝽卵块。这次它离地面不到两米，我轻松就拍到了正侧面。奶瓶的叠放方式非常明确：通过两枚并排的方式堆起五层的柄，然后开始增宽，末端形成一个圆饼，整体上呈一把球拍的形状。并且，通过强逆光拍摄，可以看到内部的一对小红点。那是正在发育的猎蝽胚胎的眼睛。我拍摄的这些种类没有成虫用于鉴定，但基本可以确定的是，它们都属于素猎蝽属。

我早年的困惑，是猎蝽母亲如何在背对卵的情况下把它们码放得如此整齐。其实在尾部的各种传感器和内置的响应规则协调下，这并不是

一件难事，就像工厂流水线上的机器人能做
的，不一定需要视觉辅助。

　　我现在的疑问是：它为什么要码放成这个样子？

　　我用手指轻轻触摸奶嘴，感觉到了黏性。以它们这么小的接触面积
就能让我的皮肤有所察觉，可见黏性极强。可是奶嘴全部朝向一边，怎
么对付来自背后的敌人呢？

　　29日，卵块遭遇了不速之客：一只正在搞破坏的蚜狮。此时，最底
部的卵壳上有明显的变形和咬痕。这可不像是蚜狮的双刺吸式口器能做
到的，更像是蚂蚁之类的上颚所为。但是蚜狮也难逃干系，因为当两个
小时后我返回再看时，它正在用自己的口器戳位于第二层的卵。

　　我经常观察到蚜狮取食虫卵。因为草蛉是对产卵地最不讲究的昆
虫，它有很大一部分后代孵化时身边没有任何食物资源。所以蚜狮必定
是机会主义者，利用垃圾的伪装四处搜索可以吃的东西，直到遇见蚜虫

牧场。我认为猎蝽卵块奇怪的堆砌形式必定是一种防御，那么它怎么阻止蚜狮取食全部的卵呢？

10月初，卵块孵化。我来的时候，有21只若虫分散在四周，它们还要好久才会扩散。我急于统计孵化情况，提前把它们赶到其他的叶子上。这个卵块的总高度只有7毫米，我需要带回家用放大镜仔细查看。

大多数白色的奶嘴盖都打开了，这是半翅目昆虫成功孵化的标志。经过清点，第1、2、5、6层各有一粒卵没有孵化，第4层的两粒卵都没有孵化。这个卵块总共10层，28粒卵，剩余的22粒卵都孵化了。少了一只若虫，它可能提前离开了。在充当柄结构的下方5层，存活率为50%，而顶部扩展后的5层存活率为94%。我只有这一个样本，但是它的差异很明显。

当我坐在书桌前摆弄卵块的时候，发现上面有一个黑色的脏东西。仔细一看，居然是一只寄生蜂！复眼的颜色有点浅，右边触角打卷儿，这是一只粒卵蜂的尸体，它被粘在了卵上。

我忽然想起什么，赶紧用手指触碰了一下卵的红色部分，依然有黏性！一瞬间，我心中的疑惑全部打通了。

　　我此前太大意了，只关注奶嘴部分，其实整个卵块都被一层黏液所覆盖。猎蝽用这个策略来防御最致命的卵寄生蜂。因为它们是循着卵块散发的化学气味而来，所有的隐藏手段均无效；而黏液的近程防御简直就是为微小的寄生蜂量身定制的。

　　既然如此，那么把卵平摊在叶子上就可以达到目的，为什么还要码起来呢？因为第二步就要提防那些机会主义者：四处游荡的肉食性和杂食性昆虫。

　　当蚜狮遇到这堆美食，它的足扒在叶片上，头部前方的一对镰刀似的口器可以无视黏液而直接刺穿最底层的卵壁取食。当它打算取食第二层的卵，要抬起头，往前走一点。更高层的卵则需要它爬上去才行，但是黏液会挫败它的企图。也许黏液并不能完全阻止这些盗食者，但会让它们的进食体验很不愉快，从而放弃。

　　下面两联柄部的卵充当盾牌。它们用自己的牺牲，保全上面更多的同胞。这个策略让我马上想起斜纹夜蛾的多层卵，只不过一个牺牲底层，一个牺牲顶层。

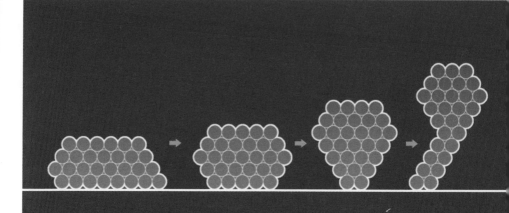

对采取这种策略的卵块来说，底层的卵当然是越少越好。在只有井冈山和植物园两个样本的情况下，我斗胆推测出一个堆积方式的演化路线，并用29枚卵的四种码放方式来表达。

井冈山2号样本尚处在较原始的第二阶段，因为它要牺牲更多的底层卵。而井冈山1号样本和植物园样本已经是几何上的演化顶点，用最少数目的二联卵做了一个柄出来。

最后一种形式的外轮廓线，实际上已经接近一枚草蛉的卵。二者的初衷都一样，即远离来自地面的威胁。我认为接下来猎蝽的卵块堆积方式还有进化的可能，也不排除是已有案例但我还不知道。植物园样本中，已经看出来底层的卵略小于顶层卵的倾向，这是母虫在营养分配上做出的改变。但是作为底座的柄既然注定要牺牲，不妨干脆用其他物品代替。比如收集的碎片或食物残渣，或者植物上的天然刺突等，只要最终用黏液包裹，就能起到相同的效用。

当卵块遭遇灰尘或花粉的污染时，黏液策略随之失效，此时寄生蜂就有成功的机会，嘎嘎老师发布在网站的照片可能就是这种情况。

槐叶上的电路板

—

　　2019年8月，带杨蛙蛙回山东过暑假。我们一般待不超过10天，今年只去了姐姐的山上院子一次，所以在这里的每一分钟都很宝贵。我前一晚过去灯诱并在山上过夜，第二天早上爬山采风，午饭后继续在院子里找虫。

　　槐树枝条上的一块土坷垃引起了我的注意。树枝上怎么可能有那么大一块土呢？我走近观瞧，原来是一只硕大的夜蛾幼虫。它以浅褐色为基调，背上有几对瘤突，蜷曲起来还真像个土块或者让树枝增生的虫瘿。

　　但是它腹部全黑，胸足基部外侧还有显眼的黄斑，构成局部警戒色。这只毛虫非常强壮，搞不好它有能力跟觊觎它的小鸟搏上一搏。

　　既然这么大的虫子都可以藏身于槐树细密的小叶子里，那么就一定有其他的虫子。在自家院子里的好处就是我可以把相机放在板凳上，然后背着手，仰着头在树下踱步，甚至还可以端着茶杯摇着扇子。看到好玩的东西再去拿相机便是。

树冠里确实藏着不少虫子，但都比较常见。我在拍摄聚在一起的茶翅蝽小若虫时，忽然有个什么金灿灿的东西在我眼角余光里一闪，旋即不见。我赶紧转到那个方向，伸长脖子仔细搜索，却怎么也寻它不得。刚才虽然是短短的一瞬，但那东西给我留下的印象很深刻。它非常科幻，像是来自宇宙的符号，而不是自然界。但现在，我不禁怀疑刚刚是不是自己出现了幻觉。

这感觉很不好受，就像越来越健忘的我经常遇到的场景：在客厅的时候，决定要去书房做一件事情，可当我走到书房，却怎么也想不起来我要干啥。这事儿也有解决方法，就是回到客厅，并且是产生想法的那个位置，同样的环境可以帮助我回忆起几分钟前的决定。

我认为刚才不是幻觉。于是我效仿此法，站回原位，依然用余光对准那个方向。微风吹过，枝叶婆娑。没多久，神秘物体再次把一小束反光投射到我的视网膜上。我轻轻地转头，生怕它再次彻底消失。终于，我锁定了那片槐叶，并且使劲地记住它的位置，直到我的手指捏住它。

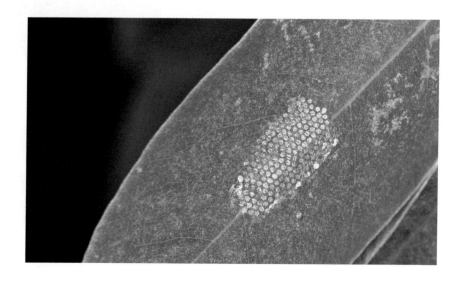

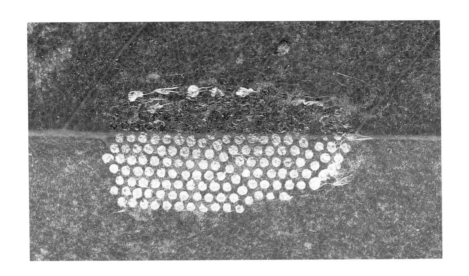

这东西几乎是透明的，只在一个非常刁钻的角度才能看到反光，其他角度它就完全隐形，使得叶片上面看起来空无一物。当我看清楚它的细节，却感到更加惊骇。

上百个整齐排列的圆形"金属箔片"，就像印刷电路板一样。这真的不是外星文明留下的密码？我把它指给姐姐看，她也啧啧称奇。整块"电路板"的长轴只有1厘米，每个小焊点的直径不到0.4毫米，它们位于槐树复叶的右侧最后一片小叶上。

我如获至宝，把复叶端部的几片小叶摘下来带回家。我盯着这些神秘的符号看了很多个晚上，除了享受它带给我的视觉愉悦和无限联想，关于它的真实身份我没有任何头绪。

"双十一"这天，我骑车到植物园南门，破天荒没有去百草园，而是在植物分类区来回晃荡。胡蜂还很活跃，李氏赤蜻和大红蛱蝶在路上晒太阳，小水蝇们则几十只聚到一起在树叶上抱团取暖。总的说来虫子并不多，于是我把注意力集中到散落在分类区的破旧凉亭上。

这些凉亭只是用花架的形式建造的园林小品建筑，用以点缀自然景观。它们镂空的顶棚既不能遮阳防雨，也不能阻止树冠上的鸟屎坠落，所以并不为游客所用。它们的底色是白色，其上包裹了斑驳的暗绿色苔藓，有一种遗迹的美。

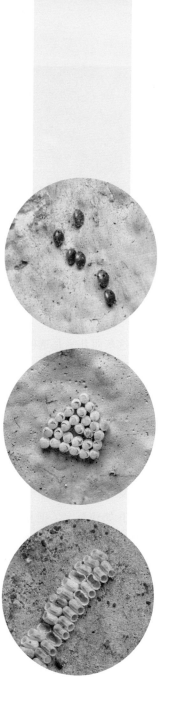

凉亭的柱子上会有各种虫迹，而且几乎一定会有某些卵块。我在这里找到了竹缘蝽泛着金属光泽的单列卵，茶翅蝽像中药蜡丸一样二维铺开的卵，以及龟蝽那孵化后像棉拖鞋一样的双列卵。

当我举头望向横梁，神秘的闪闪发光的密集圆点忽然再次出现在我眼前！这些圆点周围还覆盖着一层脱落大半的浅褐色绒毛，中间部分留下幼虫钻出来时形成的孔洞。这些让我辨认出，八成又是斜纹夜蛾的卵块。那些小焊点可能是被幼虫啃剩下的卵壳底部内表面，或者仅仅是产卵时的黏合剂。我从四个方向拍摄这个卵块遗迹，跟上次一样，只有在我第一眼看到的角度，反光才会出现，其他角度它们都不存在。

　　夜蛾科是重要的农林害虫，它们的生物学特征却如此精彩。夜蛾卵块也随处可见，我想起来半个月前在良渚的木亭柱上看到的一个局部二层的卵块。打眼看上去，它好像是一滩被溢洒的小米粥，但是经普通微距镜头放大后，细节跃然而出。卵的排列整齐划一，泛着柔和的光泽，就像待售的珍珠。

昆虫卵的表面结构极其精美，不过只有超微距摄影才能展现。它需要知识、场地、设备和复杂的后期处理。我以现有的器材安心做一个昆虫观察者，并欣赏和发掘虫卵宏观层次的美。

两年后，我探路午潮山，在林区管护站的山墙上看到一窝刚刚孵化的毛毛虫。初孵幼虫是肉色的，然后很快变成棕灰色。乍一看，这是一团令大多数人发怵的毛虫，然而当我的目光穿越毛虫落到它们身下的卵壳上时，一幅截然不同的画面显现出来。

在垂直墙面上，毛虫们大体按照自上而下的顺序孵化。尚未孵化的卵，颜色较深但泛着金属光泽，像银质小珠子；即将孵化的卵转为橙色，好似玛瑙做的珠子；幼虫出来后卵壳橙色变浅，成为琥珀珠子；最上面的卵壳突出部分已经被幼虫吃掉，留下紧贴墙皮的亚克力透明小碟子，像是盛放这些珠宝的容器。

与未孵化夜蛾卵块的统一色泽不同，天然珠宝中存在的色差才是让它们更加珍贵和耐看的原因。所有这些颜色也体现在毛虫身上。每一条毛虫都有着颜色的渐变，它们共同构成高级灰的前景，衬托出身子底下那些珠光宝气的东西。我仿佛在欣赏一幅高端珠宝的广告海报，恍惚间觉得自己无比富有。

我很喜欢被多数人时常挂在嘴边的一句话："透过现象看本质。"不仅如此，我还对这句话进行了扩展，能够"透过毛虫看首饰"。

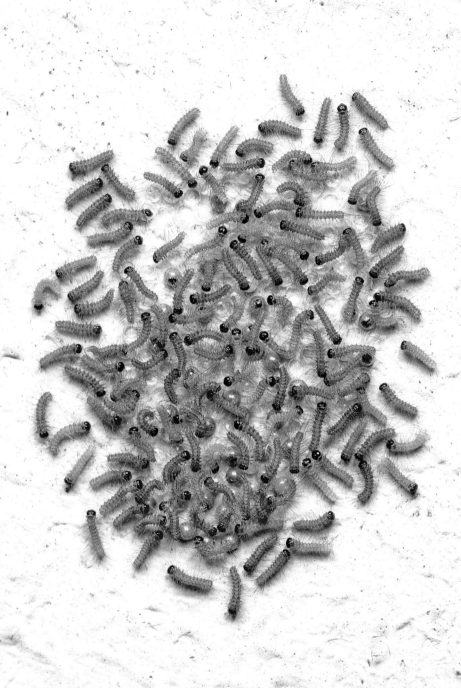

绒茧蜂的集合住宅

——

　　我对杭州的观虫资源和路线其实并不在行，平时就逮住几个熟悉的地方反复考察，而这几个所谓熟悉的地方也只知道第一次乱走的路线。我去的很多地方虫子并不多，只不过我不挑剔，再加上眼神尚可，运气更佳，每次都有收获，甚至还能欣赏紧张的剧情。但是到了2018年，我也开始不满足于现有的地图了。听说朋友经常去西山采风，我就找了10月底的一天开车过去了。

　　西山其实是一个比较笼统的讲法。我去之前也没怎么做功课，径直来到了一片大竹林。因为竹林下面很少有其他植物，整体的生物多样性不高。我上午10点到，折腾了两个小时后，觉得这里不值得我再耗费精力了。但是就这么回家又有点丢人，我想了想，这附近我只信得过两年前去过一次的小和山。

　　两地距离20多公里，开车过去不是问题。故地重游，我停好车，往下走了一段路，随便选定一个起点，心里说：就从这里开始吧！于是甩起胳膊，刚迈出去一步，右边草丛里传来一阵窸窸窣窣的声音，一条半大的王锦蛇往山坡上蹿去。蛇是我周村老家的守护神，这可是个好兆头，把我上午的郁闷心情一扫而光。

　　我的主要行进路线是500米长的平缓车行道。等到陡峭的小和古道正

式开始时，我爬了没几步就准备向后转了。
这时候我注意到左前方的山坡上，有一根半米
多高的植物光秆儿，在靠近端头的地方斜挑着一
团白乎乎的东西。林间的光线不太好，我在远处凭第一
印象把它判断为一个沫蝉的泡泡巢。不过这根枯秆从头到尾都是褐色，
一片叶子也没留，看不出一点活着的迹象，娇嫩的沫蝉若虫怎么能在上
面生存呢？我小心翼翼地爬上山坡，面前这个东西我前所未见。

　　它是个白色的小圆饼，长轴接近1厘米，上面有一些看似随机分布的
小洞。我转动枝头，看到它的另一面有更多的小洞。我看出来它们的排
布规律是常见的六边形堆积。

　　在此之前，我自以为有着丰富的观虫经验，对虫子匪夷所思的作品
和行为有充分了解。但是这个规规矩矩的东西却完全超出了我的认知。
很明显，它是某种昆虫的建筑遗迹，但是又带有一些人工制品的范式。
当时我觉得它是我这辈子看到过的最神奇的东西。不过后来的种种经

历表明，这其实只是一个开始。每次当我穿过云雾爬上自以为的高山之巅，却不过是刚刚看清更远处的宏伟巍峨。

我把枝头折下来，带回家研究。

首先考虑的当然是寄生蜂。但是这个类群太庞大，我咨询的几个朋友均表示没见过。它看起来像码成一盘的茧，但是我不认为茧子们有什么理由码放得如此整整齐齐。最外层的材料很致密，不容易分辨。或许是某种菌类？

我首先做了一个简单的验证，把这东西的两侧各拍了一张照片，然后在软件里把它们重叠起来，发现两面小洞的位置刚好是互补的，加起来总共50来格。也就是说这个东西的内层是排列整齐的单个小室，每个小室有一个方向随机的出口。

在我的知识范围内，只有猎蝽卵块可以堆叠得如此整齐。如果朝这个方向猜测，那就是所有的卵块都被寄生了，然后整体发霉，或者不知道谁过来给它们蒙了一层丝，最后寄生蜂羽化后随机咬开一边飞走了。

我就这个问题也向曳尾菌寻求帮助，她否定了这个东西跟菌类的相关性，并且在我胡乱猜测的同时施展她的超强搜索能力，很快在一个俄罗斯的网站上找到了极其相似的东西，这真的是茧蜂的作品。并且，网页里提到的种类专门寄生尺蛾科幼虫，也就是尺蠖。

尺蠖！

我豁然开朗。我之所以不相信小幼虫们能够搭建如此复杂的东西，是因为这是种很明显的砌筑物。如果是人类世界的砖墙，它是按照从下到上一层接一层的先后顺序完成的，但是茧蜂幼虫们不会排队，它们同时作茧，不可能凭空完成一个竖向的砌筑。除非，它们事先搭建了脚手架，用临时的丝划定各自的位置。

正因为只有2对腹足的尺蠖休息时也会把身体弯成拱桥的形状，它们才被赋予了"造桥虫"的俗名。这不就是天然的外层脚手架吗？更进一步，这个茧块的外轮廓线，可能就是尺蠖的内轮廓线！这个想法简直太美妙了，我立刻在茧块的外围脑补了一只尺蠖。

11月7日，我去浙江大学请教寄蝇蛹壳上的蜡粉时，得知茧蜂分类的国际权威科内利斯·范阿赫特贝格（Cornelis van Achterberg）教授正在昆虫所做访问学者。我找到浙大的茧蜂学者唐璞，让他带我去敲门。科内利斯是荷兰人，脸上笑眯眯的，一头白发和一副纯白的络腮胡，戴上帽子就是圣诞老人。他平时的爱好就是去西湖边散步，以及被路人拉着合影。大家都喊他的昵称Kees。

我的英语聊胜于无，于是我干脆装作一个完全不懂英语的人，全靠唐老师传话。Kees看了我带去的茧块，对我现场画的尺蠖不以为然。他在纸上依次用拉丁语写下"茧蜂科–小腹茧蜂亚科–盘绒茧蜂属"，并给出了一个近缘种。根据现有的资料，类似的茧蜂只在我国靠近中亚的疆藏地区有分布记录，而它们的生物学特性还未被正式描述过。无论如何，最终都要靠成虫标本来说话。西部的茧蜂会在9月结束前羽化，Kees说，参照这个时间，想要得到标本，必须在此之前找到未羽化的茧块。

这无异于大海捞针。我活了这么久头一次见这玩意儿，而现在居然要去找到活体！但是我的求知欲强烈地燃烧起来，我要不顾一切去探究它。

6天后，我再探小和山。毕竟，要想发现更多线索，这里是概率最大的地方。

很快，我在山路转折处的醉鱼草上找到一个近似的2号茧块。它看上去比较松散，但是整体的质感，特别是外部丝被致密的包裹方式同1号茧块非常接近。从上方看，茧块的宽度没有超过两列，仿佛是一个单列

的砌筑物因为某种原因坍塌的结果。但是茧
之间的摩擦力远大于可以造成它坍塌的力，
这种情况应该不会发生。它要么是另外一个物
种，比如从自由堆积到规则砌筑的过渡类型，要么
是这一窝的茧蜂幼虫存在某种缺陷，无法在结茧过程中相互协调。

　　值得注意的是，2号茧块中间偏右下角位置的一只茧，因为比较靠
里，当羽化的茧蜂成虫用上颚切割出圆形茧盖后，依然被外层丝被所阻
隔，所以它不得不在这上面又重新开一个孔。正常情况下这两层丝是紧
密贴合的，茧蜂只需要做一次切割即可。

　　就在上次的现场附近，我神奇地找到了有着漂亮外形的3号茧块，简
直是运气爆棚。它体积不大，只有45格左右，上面还挂着两颗禾本科的
种子。但是茧块颇为工整，呈一个圆角矩形，体现出某种集合住宅的风
格，它甚至可以登上建筑杂志的封面。更重要的是这个茧块比较新鲜，
保留了大约一半的茧盖。很明显，我两周前发现的1号茧块是一个陈年老
茧，因为标志性的茧盖全部遗失，极大影响了我的判断。同时，因为这

次的植物也没有秃到特征全无，经过"植物人"朋友的艰难辨认，它应
该是油点草。

11月27日，我去到良渚，就在黑脉蛱蝶幼虫床垫前面不远的地方，
找到了依附在菝葜光秆儿上的4号茧块。它个头很大，超过120格。我有
了越来越多的线索，看起来事情进展得不错。

第二年，尽管我每次采风都惦记着这个东西，但是整整前三个季度
都没有任何新发现。随着时间趋向9月下旬，我变得越来越焦躁。错过这
个季节就要再等一年。到了9月的最后一天，上午时我打开了一个名为
"拈花惹草"的植物爱好者微信群。里面的群友每天刷数千条信息，交流
各种花花草草。我点进去的时候，碰巧看到有位叫牧野的姑娘正打听她在
宁波五龙潭拍花时遇见的奇怪虫子。一株叶子几乎被咬秃的菝葜枝头，
挂着一条红黄相间、浑身黑色棘刺的毛虫，看上去一副不好惹的样子。

植物爱好者们七嘴八舌，说这是一只洋辣子，不能碰。其实那条毛
虫徒有其表，武力值为零，不过是琉璃蛱蝶的幼虫而已。只有我注意到

了毛虫身子底下的白色物体，吃惊地瞪大了眼睛。

是它！

居然，不是尺蠖！

琉璃蛱蝶，居然是琉璃蛱蝶！

因为就在20天前，我还在小和山努力寻找线索。我遇到了传奇工蚁和竹叶青，也搜索了一大片油点草。今年那里没有任何茧块，只有其中一棵油点草上挂着的琉璃蛱蝶的蛹。

菝葜和油点草，都是百合科植物，也是琉璃蛱蝶的常见寄主。我和主角擦肩而过。

图片里是一个纯白无瑕的茧块，更接近圆形，里面的昆虫尚未羽化。我马上联系牧野，希望她下次刷山的时候把那个茧块采给我。牧野答应了，并且因为18号台风米娜正在逼近，她傍晚时候就再次上山找到毛虫。

2019年10月2日，我收到了5号茧块。因为旅途劳顿，蛱蝶幼虫已经奄奄一息，身体干瘪，它在第二天死去，并迅速变黑。第三天，茧蜂羽化。

拥有5对腹足的琉璃蛱蝶幼虫推翻了我对于尺蠖身体条件一厢情愿的推测。根据我收集到的三个茧块，以及牧野拍摄的更精确的现场照片，茧块都是处在植物弯曲茎干的下方。当一只鳞翅目幼虫垂死之际，它的身体变得松弛，自然形成一个下垂的拱形，而不需要满足特殊的腹足要求。即便是尺蠖，在那时也很难让自己保持向上的拱形。更重要的是，丝作为一种软质的材料，它没法承受压力，所以无法向上叠起一堵墙，但是它可以向下悬挂一堵墙。也就是说，毛虫的种类并不重要。

　　当我觉得这套解释颇为合理的时候，照片里的一个细节引起我的注意，毛虫并没有扒住枝条，而是直接扒在茧块上！这个茧块露出来的周长大于毛虫腹面可以提供的长度。看起来好像是茧蜂们先盖好房子，它再趴上去，这怎么可能！

　　毛虫的最后一对腹足离枝条非常近，而胸足离得就很远，考虑它们主要靠腹足行走，其抓握力远强于胸足，只有一种可能：胸足是逐渐后移的。我猜测一开始蛱蝶幼虫可能只是平直地倒挂在枝条上，这样从它腹部出来的茧蜂幼虫才能直接爬上枝条，并且在二者之间搭设脚手架。随着出来的茧蜂幼虫越来越多，脚手架越来越大，蛱蝶幼虫会下意识地松开胸足，甚至是前面几对腹足，而抓住新产生的脚手架的丝。也就是说，它被茧蜂幼虫们一点点顶成拱形。

　　10月4日早上8点，我注意到离心管里有七八只黑色的小蜂子在飞。这是集体羽化的序幕，剩余的茧蜂争先恐后地从自己的小房间顶端切割正圆形出口，然后把盖子顶开，像一个个坦克兵一样钻出来。在不到半小时的时间内，一百多只精力充沛的黑色小飞虫在离心管里开起派对。

这次羽化依然有一只不那么幸运的绒茧蜂，只露出个头部四处观察，身子怎么也出不来。就在我担心它要重蹈前年的姬小蜂的覆辙，变成自己的丰碑时，它在第二天铆足了劲钻出来了。

　　雌蜂尾部有一个不太明显的产卵管。我眯着近视加老花的眼睛，用一个简易放大镜把这些体长2毫米的小虫子数了一遍，统计出2.4：1的雌雄比例。我把一部分标本寄给唐璞，他鉴定为盘绒茧蜂族，原绒茧蜂属（*Protapanteles*）。这是一个大属，包括7个亚属，超过200种。因为一些复杂的原因，不是每一次采集到的标本都能够鉴定到种。这在分类学界是个普遍现象，寄生蜂尤其如此。

接下来，这种奇怪的茧就从我的采风生活中消失了。

2021年6月13日下午，木香在昆虫交流群里贴出来一张
菝葜叶子上的琉璃蛱蝶幼虫照片。几十条茧蜂幼虫正突破
它的体壁往外钻，场面令人发指。

当时木香已经离开杭州去南昌发展，要不然我马上就
奔过去了。好在木香并没有走远，半小时后他应我的请求
回到现场，茧蜂幼虫已经织了薄薄的一层外围丝被。他把
菝葜叶子揪了回去。

毛虫本来是挂在菝葜叶子反面凸出的中脉上。木香
采集后自然让叶子朝下，毛虫在上面。也就是说，没有条
件让茧蜂幼虫悬挂施工。根据木香拍摄的照片，在结茧初
始，它们在毛虫身子底下胡乱堆积在一起，形成一坨普普
通通的半球形物，类似于2号茧块。这个堆积物果然把琉璃
蛱蝶幼虫顶得身体中部拱起，它松开了胸足，甚至前4对腹
足都松开了，只有第5对腹足紧紧扣住叶片中脉。然后茧蜂
幼虫集体编织茧块的外围丝被，甚至把毛虫的棘刺也编了
进来。随着围护丝层的加厚，幼虫逐渐看不清楚，但是堆
积物的形状在悄悄地改变，一点点隆起、变得侧扁，最后
把毛虫顶到一边。

　　茧蜂在8天后羽化。而我的猜测需要再次修正。虽然丝是一种受拉构件，但是在极小尺度下，它们具有一定的刚性，可以承托茧蜂幼虫的体重。初始的外层丝被和脚手架必定由弯曲松散、长度冗余的丝构成，以应付后期的变形和拉伸。

　　奇迹发生在外层丝被开始遮挡大部分视线的阶段。在这个看不清的殿堂里，幼虫们在内心神秘力量的指引下相互协作、统一步伐，逐渐从一团混沌中涌现出严格的秩序，建造起宏伟的集合住宅。

葩苔蛾的椭圆箭阵

—

本草轩位于杭州植物园百草园，由几个方亭子和花架组合而成，围起的小院子里有李时珍的石像。这里的墙面是我偏爱的寻虫地点之一，白墙上的虫子特别显眼，虽然它们可能只是迷途至此。而各种虫迹则会留下更长的时间，我熟悉它们每一个的位置。

2019年6月，花窗上忽然出现了一个奇怪的茧。说它是某种阵型的防御工事更加合适。蛹粘在墙面上，外面覆盖着看上去比较坚硬的黑白两色的粗毛为它提供保护，透过毛丛隐约可以看到末龄幼虫的蜕摆在一

边。如果到此为止，这类茧其实都比较常见。然而，在蛹的外面，另有一圈细密的刺毛组成一个椭圆阵型，在两个长轴方向，它们由疏密不等的数道弧线构成，不同的弧线之间毛的方向相互交叉，形成网格。就像诺曼底登陆战时海滩上密布的阻止登陆艇的钢制拒马一样。这种迷你构筑物，很可能也是为了阻止某种可能的天敌接近中心区域的蛹。如果把这个蛹放大一万倍，那它就是受到重重保护的存有重要物品的高科技大楼。

我一下子被吸引了，迅速在脑海里放映了一部特种兵突破防御执行任务的电影。当我指挥着幻想出来的行动小队准备向外围发起进攻时，忽然注意到这个阵型有一个极大的漏洞：虽然刺毛在椭圆的长轴两端重复设卡，但是它们在中间居然没有闭合！也就是说，我的队员们可以轻松地从位于椭圆短轴两端的断开处绕到蛹的面前。这些防御形同虚设。

这个逻辑上的矛盾让我陷入了长久的沉思。

蛹外侧的毛丛很密，看不出它是不是空壳。整个6月我去的几次，它都待在花窗上，没有变化。7月和8月因为天气炎热，我白天猫在家里，而夜观时无法进入百草园。到了9月份我再来的时候，阵型中央的蛹连同茧都掉了。

接下来的日子里，我在本草轩以及植物园东侧的几个小亭子上又发现了不少椭圆阵。有些是许多年前的，它们的中间空空如也，只留下外围的箭阵。除了极个别的长轴缩短，椭圆变成正圆，造成箭阵可能会闭合以外，其余的全部存在明显的缺口。

2020年5月31日，在花窗斜对面的墙上又有了两个新的椭圆阵。它们在一米多高的地方，观察起来很方便。我仔细看了一下，蛹应该还没有

羽化。我不想继续以这种低效率的邂逅来等待答案了，我想尽快知道它是谁。

我以为只要把这个蛹送到相关机构做DNA测序，就可以鉴定出来，然后我再查找关于它行为的资料就好了。但是好友Z告诉我，只有已经录入到DNA库里的物种才能做比对，对庞大的蛾类家族来说，这个数据库小得可怜。

然后我俩继续讨论这种建筑形式的意义。Z只抛出问题，引导我自己思考。他问我："你们那边有什么会从墙上威胁到蛹的东西吗？"

我想都没想就说："壁虎？难道这些刺毛可以破坏它脚底刚毛的黏附力？"Z紧接着追问："壁虎会捕食不动的东西吗？"

这……很明显不能。我刚刚犯了一个低级错误。

Z又问："或许是一种还没完全退化的返祖行为？"

"返祖"这个词提醒了我。这需要把它同祖先物种做纵向比较，这方面我一无所知，但是我可以先就现生的其他蛾类的结茧行为做一下横向比较。想到这里，我的脑子里忽地亮起一道闪电！

伴随着醍醐灌顶的快感，我的思路如泉涌一般，我开始滔滔不绝：

"它在头尾两个方向布置了好几道，但是侧边却空着。墙面又不是一个典型的化蛹地形。所以它可能就是遵循固定的行为模式而在墙面上形成了这个阵。

"也就是说，在原来的自然环境中，它不需要考虑来自侧面的攻击。

"我没有在除墙面以外的地方见过这种茧，但是我想到了比较常见的枯叶蛾的茧。它占据一根小树枝，织一个浓密多刺的茧，在树枝上前后大于一个茧长的距离内，密布毒毛。

"如果这蛾子也是在树枝上化蛹，它就会在前后绕几圈毒毛。树枝相当于一维空间，只需要防守前后两个方向。但是在墙面上，它这个动作被迫做二维展开，就变成几个圆弧了！"

我觉得这一通推理非常缜密，这一刻我快乐无比。

Z说："我觉得这个解释挺靠谱的，所以接下来你就需要在枝条上找找有没有这个东西了。"

6月5日，我冒雨去百草园把两个蛹从墙上起下来。我已经咨询了东北林业大学做夜蛾分类的韩辉林老师，他推断这个茧属于苔蛾族，只有把成虫养出来，才有可能知道它的真实身份。

现在不用担心被茧上那些长毛扎到，我可以凑得更近观察。剩余的外围箭阵呈现奇妙的景象。放大后可以看到箭杆上的绒毛，还有端头由两到三级黑色短毛组成的箭镞。它们就好像从位于墙后两个不同方位的弓箭兵阵地射出的密集交叉火力，消灭了墙里面的敌人，并且箭枝的力度穿透墙皮。

　　这个箭阵从功能上来说，最大的可能是阻挡蚂蚁，但是跳虫和蓟马若虫在箭枝间穿梭，看上去一点都没受影响。

　　蛹的形态也很特殊，它的气孔朝外延伸，形成两排乳突状结构。这可真是只神奇的蛾子。

　　6月7日上午，第一只蛹羽化了。它有典型的苔蛾形态，但是翅面花纹是我从来没见过的：以橙色为底，披一件优雅的黑色大氅。韩老师也没见过，他推断它属于萢苔蛾属，并随口说，搞不好还是个新种。

　　这一下我受到了极大鼓舞，马上去植物园干两件事：扩大对墙面的搜索，并且寻找寄主植物。我从北侧的山水园开始，经过玉泉鱼跃，再到百草园，彻查我熟悉的范围内所有建筑物和构筑物的墙面及顶棚。我做梦也没想到，建筑学出身的我有一天会忽略流线和空间，只把建筑群的所有内墙和外墙看了一遍。我步行6公里，大约检视了接近1万平方米的墙面，直看得眼冒金星，脑瓜子嗡嗡的，却只找到了七八只空茧。

在分类区，我遇到了从诸暨过来采风的小徐。我像是见到救星，忙把他拉到本草轩，让他帮我统计植物。根据我的设想，幼虫肯定是从寄主植物上掉下来，爬回去的时候在墙上迷路而被迫化蛹的。我只要统计它们现身的几个主要地点共有的植物，就有可能锁定寄主。

小徐辨认后告诉我，这几个地点栽培的植物并不重复。找寄主这事儿被打回原点，它有可能真的是吃苔藓的。

6月9日晚上，第二只蛹羽化。它有着与第一只截然不同的花纹，就像非洲艺术里的脸谱，但一看就是苔蛾。可惜它从蛹壳钻出来时造成蛹滚动变成躺姿，因此它也躺着出来，由于在低矮的培养皿里无法转身，翅膀没有充分伸展。

我把一对苔蛾移进饲养盒，但是雄蛾并没有发起求偶。可能是它提前羽化了两天半，状态已经不好。尽管我用糖水给它们补充了点能量，它们始终还是没有走到一起。雌蛾从12号凌晨开始，零星产了一些卵块。它们都是未受精卵，几个小时后就变瘪了。

6月19日，我把这一对标本寄往哈尔滨。

6月26日，仿佛被安排好的一样，我在杭植夜观时刚好撞见栎黄枯叶蛾幼虫在云山青冈的枝条上作茧的过程。

这棵树的另一根枝条上，有一个它的同胞的成品茧。茧子像一个扁扁的驼色布口袋，下面有一对突起的驼峰，各种颜色的刺从口袋里面扎出来，令人望而却步。在茧的前后两侧，很多蓬松的刺毛把树枝裹了厚厚一层。从表面看，这部分好像是茧子主体完工后，勤俭持家的主人把剩下的材料在树枝上抹了抹，但那时候主人已经在茧子里了。它们其实是最早制作的部分。

我来的时候，作茧的第一阶段刚刚结束，不过可以明显推测出，枯叶蛾幼虫首先从身上取毛，在树枝的两侧建立足够长的纵向防线。这一重要步骤完成后，它才开始制作茧的主体。老熟幼虫的毛变成红褐色，看上去有点瘆人。它从身上取了很多毛用来设防，整体变秃了不少，往

昔的霸气形象荡然无存，又有种英雄迟暮的凄惨。茧的主体从尾巴开始制作，幼虫直接以身体为模板往上面裹丝，同时折断更多的毛编进去，典型的"作茧自缚"。

我没有看完全程。当时天空飘着雨丝，我仰着头看了它半小时以上，直到我感觉飘到我脸上的除了毛毛雨，还有它的毛。我揉着脸撤退了。这个红褐色的茧将在几天后变成驼色。

我平时对维度概念非常痴迷，所以我对苔蛾箭阵的升维类比推测充满信心。很多问题可以用改变维度作为辅助手段。比如昆虫学家研究蚂蚁或者白蚁的地下巢穴时所采用的做法。这些建筑是异常复杂的三维网络，研究者用两层玻璃板夹住薄薄的一层土，把昆虫放进去挖掘，迫使它们进行降维操作，二维平面里的隧道更容易发现规律和模式，再由此推广到三维。

但是在激动人心的联想背后，我的推测缺少证据。7月23日，我在分类区的亭子上拍到了几条黑色毛虫。回家后看导入电脑里的照片，忽然觉得和那个茧子里的蜕有点相似。一周后我又去了同一地点，采到了两条毛虫。因为不知道寄主，我在附近的所有植物上都摘了几片叶子，结果全部被拒绝了。我只好拿蔬菜来试，谢天谢地，它们接受了白菜叶。经过仔细比对椭圆阵中央那些长毛的颜色和比例，我认为这毛虫就是它的幼虫。只要把它们养到化蛹，就可以验证推测。

毛虫的身体由胸部3节和腹部10节组成，总共13节。与之对应，这条毛虫身上有13排瘤突，胸部第1节和腹部后2节瘤突较少，除此之外，每个体节上有6个瘤突环状排列。瘤突上面是辐射状的毛簇，就像一只海胆。毛簇的缺省配置是褐色的硬毛，腹部第4、5节的这12簇毛是白色，而腹部第1、2节的12簇，在保持原有褐色硬毛的基础上，位于体侧的8个瘤突上还附加了茂密的黑色毛簇。这些毛很细，并且毛梗上有绒毛。我经过仔细比对，确认就

是这些毛用来布置外围的箭阵，它们可能要到末龄幼虫才会长出。而剩余的白色和褐色的硬毛构成中间的茧。幼虫背上的瘤突就像木匠的工具架一样，按类摆放，按需取用。观看它的作茧过程一定是件有趣的事。

但是我没有得到这个机会。8月1日下午，我注意到毛虫从我给的叶子上爬下来，背部朝下停在培养皿的角落里，而它腹部中间好像有一块肌肉在自己蠕动。很快，我就确定并不是我眼花：一条没有任何特征的白色蠕虫从腹部探出头来，这是绒茧蜂的第一条幼虫。

全部的7只茧蜂用了一个半小时钻出来。到了晚上，毛虫身子底下只剩下洁白而又宁静的一堆小茧子。

我把希望寄托在另外一只幼虫身上。它蜕了一次皮，并坚持到了8月18日。但是这一天，它的身体内钻出了13只茧蜂幼虫。至此，我的饲养计划宣告失败。

苔蛾个体变异很大，所以鉴定过程比较长。标本需要整姿、拍照、做玻片、核查全世界资料，然后确定。这些工作由做苔蛾分类的赵婷婷博士完成。9月4日，韩老师给我留言："很遗憾地通知您，本种是黑缘酦苔蛾 *Barsine delineata* (Walker, 1854)。"

我发现新种的时机尚不成熟。

4年来，我无数次站在本草轩和分类区的凉亭前面，用望远镜搜索每一根树枝。这项任务工程浩大，我一直期盼发现证据的那一刻，甚至会因为产生幻觉而心潮澎湃，但那一刻始终没有到来。

2023年3月，我想到一位朋友小琨，他就职于广东省林科院，专注于华南蛾类幼虫的分类和生物学记录，我觉得他有可能也会关注茧的信息。

我刚贴了箭阵的细部照片，小琨就说，他以前养过的一种小型苔蛾也在茧附近有类似的结构，是环在树枝上的。幸福来得太快，一个"环"字说明了一切。刚开始探讨，话题就结束了。

10分钟后，小琨发来了照片。

这就是我梦寐以求的景象，我在脑海中把它想象了无数遍。枝条中央的茧和我看到的那种非常相似，都是一团糟的样子。但是两端的设防区比我设想的要规则，它用毛做成一圈圈障碍，每一侧都有20圈左右。并且，左侧的树枝有分叉，幼虫也尽可能地在每个分叉上都进行设防。如果

我是一只蚂蚁，翻越这些烦人的障碍肯定会令我很快气馁，转身就走。

小琨养的幼虫采自南岭的香港瓜馥木上，后来用猴欢喜的枝条饲养至化蛹。它是把箭枝的中点粘在树枝上的，而植物园的幼虫则是把箭尾以小角度粘在墙上。所以在自然条件下，它或许会建立外观不同的防线。无论如何，小琨养的同属幼虫的行为只是一个间接证据，我依然不会停止寻找，我期待直接证据的降临。

地衣的庇护

—

2019年5月11日，我在百草园入口左手边一棵苦楮树干上发现了一只浑身裹着粉状地衣的毛虫。按说我本不该发现它，因为在长满爬藤、地衣和苔藓的树干上，它的伪装如此和谐，就像一片略微翘起的地衣残片，随风轻轻摆动。

它之所以暴露，完全是给自己加戏过多的结果。当我站在这棵树旁边发呆的时候，有那么一阵子，风停了。然而它的表演并没有停止，这个抖动的粉绿色物体在我的眼角余光看到的静止世界里非常扎眼。

尽管如此，我也是凑过去盯着它看了好一会儿，才确定这是一只昆虫，而不是神秘的局部气流。因为它还用地衣在背上捏了3对叶状的小翅膀，打破了毛虫惯有的轮廓。

它以尺蠖特有的一拱一拱的步伐前进，还可以用胸足抓住树皮晃动后半身。我拍摄了它的腹面，它有3对腹足，而不是尺蠖的2对，这应该是某一类夜蛾。因为一些显而易见的好处，只有2对腹足的尺蠖大踏步前进的速度远远高于那些拥有5对腹足的毛虫蠕动的小碎步，特别是面对一些小的起伏地形，尺蠖可以直接跨过去，效率更高。因此，有部分夜蛾类的幼虫也采取相似策略，它们的前2对腹足有不同程度的退化，只有后3对腹足具有功能性，没有尺蠖"纯粹"，但依然可以走尺蠖的步法。

为了看清它的轮廓，我把它放在离心管的盖子里，后来就顺手带回了家，然后把它给忘了。等我想起来的时候已经是5月23日，而幼虫居然还活着。原来它身上的地衣既是伪装，又是食物。这个策略简直棒极了！

不过幼虫最后还是死掉了。也许背上那些地衣颗粒终究比不上新鲜的食物，也许是离心管里的环境不友好。我不甘心，于29号在同一棵树上又采集到了一只大幼虫，这回我把几块带着地衣和苔藓的树皮和它放在一起。

6月1日，我经过百草轩旁边一棵歪到小路上的柿树时，看到树干上面也有厚厚的一层苔藓和地衣，我找了一下，果然又找到一条幼虫。我还在附近的七叶树上看到两只茧，特征非常明显，因为茧子也带着小翅膀呢。它们通过一小段裹了地衣的柄挂在树皮上，茧表面还编进去几根苔藓。这时候我对它们的兴趣不是很大，没有采集。因为我此前翻到林义祥老师的书中已经记录了类似的幼虫，并鉴定为 *Enispa bimaculata*，它目前的中文名是灰点孔夜蛾。

　　我再一次遗忘了第二只幼虫，6月17日才发现它已经在管壁上结了茧，并且不知道什么时候羽化了。它肯定在离心管里剧烈扑腾过，因为它的左前翅缺了一块，翅脉从里面伸出来，像一把破蒲扇。让我纳闷的是，在我看来这是一只如假包换的尺蛾。确切地说，它跟林老师书里的幼虫长得一模一样，但是成虫完全不同！我采集的时候并没有数大幼虫的腹足数，万一它真是尺蠖呢？我现在还不能下结论。

为了解答这个疑问，6月24日，我继续去植物园采集样本。我找到了三条幼虫，并确认它们均具有3对腹足。我还找到两只茧，但是其中一只光溜溜的，没有小翅膀。

我还看到了一只尺寸很小的茧。好像有一点翅膀，又好像没有。正看着，这个茧忽然动起来，可把我吓了一跳。它朝上爬行，尾端不时翘起。我从侧面看到它并不是一个梭形，而是被纵劈了一半，贴向树皮的那一侧比较平坦。我拍了好几张照片，终于在顶端找到几根细细的胸足。这家伙居然是一只……蓑蛾！

我把两只茧的柄用双面胶粘在便签纸上，然后弯起来放入两根50毫升离心管里，让它们保持在树干上的竖直姿势。离心管放在书架上，管壁没有被纸条遮挡的透明部分朝外。

7月5日，我无意中抬头，其中一根管子里有很多小黑点，不带翅膀的茧被寄生了。它从纸条上掉了下去，所谓的柄原来只是一小段苔藓。我把小黑点们倒出来清点，在离心管底部躺着大约30只小蜂的尸体，而不到1平方厘米的双面胶上粘了60只左右。它们的体型极小，体长不到0.7毫米，我咨询了华南农业大学做寄生蜂分类的刘经贤老师，通过中足上的大距（可动的刺）判断，应该为跳小蜂科。另一只带翅膀的茧一直

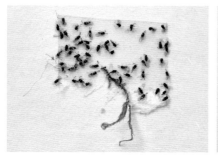

没有动静，我后来发现里面的蛹已经坏死了。

事情开始变得复杂了。

次日，我赶紧去植物园补货，但是我没有及时把它们分装，而是堆到两三根管子里。

7月12日，我的眼角余光捕捉到书桌上离心管内的翅膀扇动，其中一只羽化了。我赶紧把它转移到培养皿里，免得弄坏鳞片。

它应该是某种夜蛾，但是花纹和颜色跟上一只并不相同，尺寸小一点，跟林老师书里的也不一样。

事情变得过于复杂了！

第二天是周末，我整理了一下思路。目前发现的茧有带翅膀的和不带翅膀的，它们对应的幼虫也是如此，那么这可能是共享一个生态位的两个物种。5月份看到的幼虫带翅膀，而6月以后看到的都不带。它们在发生期上有交集，但是也有先后。我后来又发现，不带翅膀的茧是贴在树干上或嵌在树皮里的，而带翅膀的是用柄悬挂的。翅膀大小有别，而且会破损，所以用柄来判断更靠谱。我很后悔一开始么粗心，居然没有发现这么明显的差别。

我现在有1条幼虫和9只茧，其中包括3只带翅膀的，我不能再偷懒，得按照科学的方法来记录了。杨蛙蛙从安吉夏令营带回来的连排小药盒派上了用场。不过药盒是按照一周的用量设计，只有7格。我把纠缠在一起的茧分开，先放了7只到里面，然后按顺序检查它们的状况。

1号格的茧戳起来有点空，端头还有个小洞，能看到蛹或蛹壳的头顶。我用镊子小心地撕开这个茧。地衣外壳非常容易剥离，而且可以在任意方向上断裂。茧子几乎没有丝质衬里，说明它们主要是由地衣颗粒之间相互连接的，毛虫只用了极少的丝来做这个茧。把茧子撕开大半，蛹就可以取出来了。它真的只是一个壳，里面干干净净，也就是说，在我采集之前，蛾子就成功羽化并飞走了。

现在1号格空了，我把幼虫和一块指甲盖大小的树皮放进去，刚才那只我把它标为0号。

2号格的茧有同样的破洞，但是我剥出来一只健康的蛹。它的眼睛已经变黑了，而且用镊子夹的时候腹部会快速摆动。我想起来这个洞应该是我采集的时候跟原来的附着地分离而留下的。我把蛹放回2号格，它在两天后成功羽化。

接下来的4只茧都比较完整，第7格里的有点瘪，外面还有两只带翅膀的，我把其中一只放回离心管，另外一只看上去不是那么乐观。

我开始拆茧子。刚剥开了一点，就露出了近乎黑色的光滑蛹壳，而

且厚实坚硬。继续剥，我看到一个浑圆的切口，脑子里马上蹦出来"环裂亚目"这四个字。这个奇怪的蛹壳很难剥，地衣完全粘在它上面，我不得不把茧子拆得七零八落，最后才刮干净。当最后一团附着物掉下来的时候，我看出来那是毛虫的皮，它以一定长度紧贴着蛹壳，这个蛹壳属于寄蝇科的围蛹无疑，也就是说，在我采集之前，杀死了夜蛾幼虫的寄蝇成功羽化并飞走了。

7月16日，离心管里的9号茧爆出了跳小蜂。紧接着5、6号格里先后钻出了两只寄蝇。它们的眼睛是深棕色的，身上的鬃毛又密又长，远没有去年寄生弄蝶的那两只好看。两只寄蝇的体长分别为3毫米和4毫米，看起来像是一对。7号格的茧发生了明显的变化，底部一半变成了浅褐色，顶部冒出来一些类似于真菌子实体的东西，我觉得它凶多吉少。

7月17日上午，终于有好消息了：1号格的幼虫开始作茧。我发现的时候，它正在树皮上用地衣颗粒编织一个看起来弹力不错的大口袋，就像老奶奶织的那种能套进去3个人的毛衣一样。它没有像我想象的那样，从树皮或者身上取地衣颗粒来编口袋，而是始终把半个身子钻在里面捣鼓，我从外面只能看到口袋的局部不断被拉拽、变形。情急之下，我用镊子把它的口袋撕开了一块，让它的脑袋露出来，但依然不能理解它的具体做法。最为神奇的是，幼虫身上其实并没有多少地衣颗粒，小树皮上也是如此，而口袋在一点点变大，它好像凭空变出来那么多的建筑材料。

幸运的是，我有它前一天的照片。我注意到在小树皮的一侧，有一团聚集的地衣颗粒，而这时候幼虫身上已经比较光溜了。我猜测，它会提前把收集到的地衣，还有大部分身上的地衣，都集中到一起，做成一个面团的样子。接下来就是揉搓这个面团，就像擀饺子皮儿一样，比如先搞成一个荞麦包形状的小口袋，然后随着皮儿被越擀越薄，这个口袋

就越来越大了。

幼虫注意到头顶的亮光，它很快修复了口袋的裂痕，继续埋头苦干。等这个口袋的深度能够容下它体长的三分之二时，它在里面转身，封住开口。然后它在里面继续给这个口袋塑形，通过取走某处的地衣颗粒再添加到另外一个位置，让口袋的形状慢慢改变。从最初难看的三角饭团的形状，到圆扁的酒酿馒头的形状，终于在晚上的时候定格为长椭球状。它创造了一个装配式建筑的奇迹，整个建筑仅由一种单元构件组成，每个地方都可以随意替换。

7月18日早上，3号格的茧开始爆跳小蜂，几十个小黑点在盒子里涌动。盒盖并不密封，有大约半毫米的缝隙，这完全拦不住它们，有几只已经钻出来了。我赶紧找了个被夹把盖子夹紧。中午，4号格也爆了。虽然这些寄生昆虫在不同的茧子里，但它们可以用外激素来协调发育进程，尽量保持同步羽化。

7月20日，我趁张春田老师来杭参加区系会议时，把寄蝇当面交给了他。24号结束采集回到沈阳的当天，张老师就完成了鉴定。它是追寄蝇亚科的髯侧盾寄蝇Paratryphera barbatula (Rondani, 1859)，广布于欧亚大陆，但是对于浙江省来说，这是一个新的分布记录。两只寄蝇都是雌性，它们的不同大小是由寄主毛虫的体重决定的。

7月27日，1号格也出现了一只寄蝇。至此，除了2号格的幸运儿，我的药盒军团全军覆没。从一开始，信息量就一直朝着发散的方向发展，不知道何时能够汇聚，我感觉这事儿超出了我的把控能力，并且接下来的几年我采风的时间没有那么多了，于是我结束了观察。

2020年3月，我去植物园采风，走到洪春桥附近时，一只小蛾子从我后面飞过头顶，落到我眼前的树干上。它降落的一瞬间就不见了，我觉得诧异，仔细寻找那个落点，终于发现了一只卷蛾。它的翅面图案高度拟态片状地衣，不但有着正确的破碎轮廓，而且表达了地衣因为含水量不同而出现的橄榄绿、灰绿以及干燥的白色勾边。黑色鳞片充当背景，增强了立体感。卷蛾在我眼前降落，这是我得以发现它的唯一途径。

我查到它叫青尾小卷蛾，杭州是模式产地。它的样子好看，名字好听，我可太喜欢了。不论是真实的地衣，还是假冒的地衣，都在给小虫

子们提供视觉上的保护。

2023年，和小琨聊天的时候，他贴出了一张地衣毛虫的图片，我的回忆被激活，一下子来了精神，花大力气把照片和标本都找了出来。根据第二种夜蛾的成虫图片，结合国外的资料，小琨鉴定为竹孔夜蛾 *Corgatha pygmaea*，因为孔夜蛾属里只有它会用地衣覆盖身体。第一种夜蛾为点孔夜蛾属 *Enispa* sp.，也就是和林老师的夜蛾同属。

我从蒙尘四年的药盒里找出发霉的7号茧，不知何时它的一侧多了一个小洞，这应该是寄生蜂的羽化孔。但我仍然把它剖开，看到一个蛾类的蛹壳。把蛹壳打开，里面是满满当当的几十只跳小蜂的遗体，它们已经羽化，但没能出来，这可能是受真菌的影响。但是蛹壳壁上的小洞和茧壁上的保持一致，说明还是有少数跳小蜂杀出重围。它们应该很容易钻出盒盖的缝隙，再跟随气流穿过隐形纱窗的网眼，回到自然的怀抱中去。

小琨也在研究背着地衣的毛虫，他采集的两种和我的两种又各不相

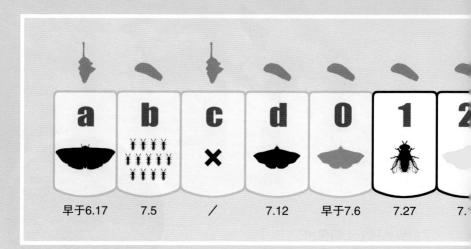

a	b	c	d	0	1	2
早于6.17	7.5	/	7.12	早于7.6	7.27	7.*

同。只是他能找到的样本太少，在如此高的寄生率的情况下，没有收集到足够的数据。

我统计了所有来过我家的进行到结茧步骤的毛虫，包括两种，总共14只个体，羽化成功率仅为28.6%，而寄生率为64.3%，寄生蜂和寄生蝇对这两个物种进行无差别攻击。

这说明它们的策略失败了吗？

恰恰相反。这么多的物种进行行为学上的趋同演化，利用地衣伪装自己，说明这个基于视觉欺骗的策略极为成功。它们在幼虫阶段几乎不用考虑来自捕食性天敌的威胁，每一条毛虫都可以活到化蛹。然而自然

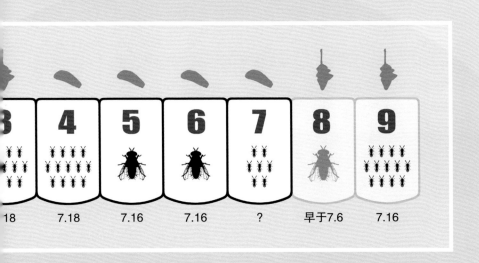

界没有完美的策略，也正因为这种前期成功，它们的数量主要由寄生性
天敌来控制。捕食率和寄生率一定是此消彼长的，倘若寄生昆虫把卵产
在一种经常被捕食的毛虫体内，它的后代就有很大概率跟着殉葬。而面
对地衣毛虫这样成功的伪装者，它们会更积极地去寄生，因为它们的后
代几乎都能活下来。

　　不过，自然界依然存在能够打败它们的力量。除了真菌，还有对寄
生者的寄生这种自然法则之下所形成的相互制约，也就是我们所说的：
重寄生。

4

Following
Insects 2

待客之道

仅仅是单纯地观察昆虫的生活,
就可以带给我莫大的快乐,
但我依然想从它们身上得到更多。
我尊重它们的不请自来,把它们当作家庭成员;
我研究它们的身体,探索造物的鬼斧神工;
我向它们学习,抓住机会提升自己;
我跟它们合作,让它们的作品锦上添花;
我跟它们开玩笑,等它们识破我的诡计;
我跟它们共情,融入它们的平凡生活。

拟壁钱的房客们

——

2020年5月，我家对主卧进
行隔声改造。工期只有半个月，但
是一家人暂时在旁边的酒店里躲了近
3个月，中间偶尔回家拿点东西。没有了人
类活动的干扰，虫子们马上就出来开疆拓土了。平时只在墙角里营生的
居室拟壁钱，居然把它的网向厨房台面延伸了5厘米，还堂而皇之地待在
水平部分的中间。这本是一个千载难逢的拍摄机会，但是我有一天擦台
面的时候不小心破坏了它的那些"违章建筑"，拟壁钱匆忙逃到另外一
条墙缝，从此规规矩矩地织网，不再挑战用地红线。

居室拟壁钱是所有人家里都有的房客，体长只有3毫米。只要是墙
面形成的凹角，哪怕是窗套外圈的那一点空间都可以安家。你可能发现
家里的其他虫子在逃走的时候都会溜边走墙角，因为在开阔地，它们将
面临来自周围的360度的攻击，但是在一个垂直墙角，攻击面就减少到了
180度，在地面和两墙交接处则降到90度。所有的动物都有这种本能，包
括我们人类。在充满陌生人的房间里，我们会优先贴着墙角，这样做会
带来安全感；公园里的长椅后面要布置灌木，让游客不必担心来自背后
的目光。蜘蛛的祖先很早就习得了环境心理学的基本原理，角落里满是
它们的天罗地网。

拟壁钱在开阔地上的静止照片几乎是无法获得的。除非我动用一些不生态的手段：白碗大法。

　　所有虫子的足，都可以按照一个特性划分为两类：能够在光滑表面行走的和不能的。拟壁钱属于后者。把它转移到一个光滑的白瓷碗里，它就只能上演"月球漫步"了。很多摄影师在野外都随身带只碗，还可以把水里的物种捞出来拍，白碗既是容器，又是反光板。

　　当拟壁钱紧张的时候，它会像所有感到害怕的动物那样缩成一团，活像一只鱿鱼，希望对方可以放它一马。一旦放松下来，它会把腿弯成拱形，除了足尖，都远离碗底。白碗对闪光灯的反射几乎消除了所有的阴影，呈现出一种不真实感。它身上和腿上的毛很草率地弯曲，几枚黑色的单眼胡乱挤在一起。郑重拍摄的照片看起来反而像一幅儿童画。

　　一个光滑的浴缸比一只白瓷碗宽敞得多，但是对于不小心掉进去的蜘蛛来说，它同样是个绝境。当我还上学的时候，就读到某些非常超前的人性化产品设计，在浴缸的一侧会有一道彩色的装饰条。首先，对于素色的浴缸来说，装饰条肯定起到了美学提点的作用。但更重要的是，它选用粗糙材质，让绝望的蜘蛛可以从这里攀爬出去。

衣　鱼

　　我放在角落里并且忘记收起的瓷碗，经常接到从天花板掉下来的衣鱼。它们也是常见居家昆虫，同样无法在光滑表面行走。衣鱼食性很杂，会蛀食衣服和书籍。它身披银色鳞片，跑动很快但扭来扭去的样子就像在游动，所以被称为衣鱼。送上门的衣鱼背部有几处鳞片不知道在哪里蹭掉了，昆虫摄影偏爱完美的模特，我就把那只衣鱼放在培养皿里不去管它。几天后，它背上的鳞片居然"再生"了！这是不可能发生的事情。于是我仔细查看培养皿，看到一些细碎的鳞片。原来是衣鱼蜕了一次皮，然后把蜕吃得干干净净。衣鱼目是原始的无翅昆虫，它们成熟以后还可以继续蜕皮，这种发育方式称之为表变态。

于是我有了一个完美的拍摄对象。

烟草甲

在厨房的拟壁钱的帐篷旁边，有一只被抛弃的烟草甲尸体。这是长蠹总科的常见仓储害虫，它还有一个食性相近但体型略长的亲戚叫药材甲，它们经常在家里存放的粮食、药材里面出现。

烟草甲体长2毫米，短短胖胖，除了缩成一团没有什么防卫手段。但所有的甲虫都有着顽强的生命力，这可能给拟壁钱造成了错觉，把这个宁死不屈的小胖子当作一位值得敬佩的对手。为了表达敬意，拟壁钱用超出常规数量的丝来招呼烟草甲。

尽管如此，倔强的烟草甲还是挣脱了半个身子，把身上的真丝袍子斜褪到腰间，像米洛的维纳斯雕像一样安详地卧在那里。

2月份的时候，我发现烟草甲占领了一罐杭白菊。不知道它们在里面繁殖了几代，总之现场惨不忍睹。我拣了三朵尚完整的花头和两只成虫放在培养皿里。后来我又发现了两只正在做蛹室的末龄幼虫，再加上小到看不清的其他龄的幼虫，它们是这个小世界的初代烟草甲。

烟草甲在受惊的时候，会把头深深地埋起来，用头部、前胸和鞘翅这三部分拼成一个胶囊的形状。所以它也算是可以进行球形防御的物种。当烟草甲被推倒的时候，它打开前胸和中胸之间的连接，靠里面柔韧的肌肉先翻转上半身，前足找到着力点后把身体拽正。

亚克力的培养皿是不密封的，因为在模具的浇注口那里会有一个凸起（所有采取这个工艺的塑料产品都有这个），所以培养皿和盖子之间有一个极小的空隙可以通风，但是烟草甲肯定不能从这里逃走。我把培养皿放在靠近窗台的位置，现在它成为了一个半封闭的生态缸，空气和阳光管够，只是物质资源是有上限的。对第一代烟草甲来说，这里没有天敌，食物充足，仿若天堂。但是随着它们的不断繁殖，这里将变成地狱。

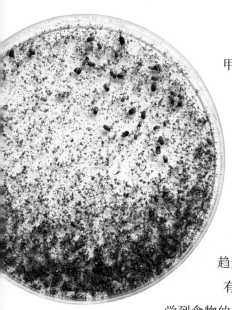

前几个月，我偶尔瞥一眼培养皿，烟草甲成虫像小汽车一样跑来跑去，那里像一个繁华的小镇。

5个月后，这个小镇一片死寂。杭白菊所有存在的痕迹都看不见了，它在物质上转化为培养皿里的几十只烟草甲死虫，还有数千粒粪便。光源来自正前方的窗户，因此根据粪便和成虫尸体的位置分布可以得出结论：成虫具有一定的趋光性，而幼虫具有负趋光性。

有些成虫的个头明显偏小。因为幼虫在感觉到食物的数量和质量都不足的情况下会缩短生命进程，提前化蛹。还有些成虫的鞘翅和前胸骨片散落开，它们的后代在不得已的情况下动用了里面的营养物质。我在角落里找到几只蛹和幼虫，最后的一点资源在支撑着不断缩减的群落。

8个月后，培养皿里终于没有了任何生命迹象。然而这些烟草甲精确诠释了"虫子为什么而生存"这个灵魂拷问的答案：为了生更多的虫子，为了把更多的资源变成虫子，为了让更多的虫子来过此世。

接下来我启动清洗程序。对于烟草甲和它们的基因组来说，生命结束了。而对于这只培养皿来说，生命重启了。

锯谷盗

拟壁钱在窗台墙缝这里生活得不错。这一点可以从它身子下面的黑色粪点来判断。蜘蛛只能进食流质食物，因此也只能排出流质粪便。拟壁钱会转动身体，按照跟钟表表盘差不多的方位随机排便。我在7月下旬关注它这个新家的时候，只在2点钟方位有一个粪点。半个月后，分别在1点、7点、8点和9点钟方位多了四个粪点。

我在厨房环顾四周，在阳台的门框上看到一只锯谷盗的干尸。这个小黑点在那里有段时间了，今天终于派上用场。我把它捏下来，扔到拟壁钱的网上。蜘蛛都很爱惜自己的网，会主动地定期清理，除了那些爱用网上的垃圾来伪装自己的艾蛛们。

锯谷盗体长3毫米，是另外一类常见仓储害虫，它们的名字来源于前胸背板边缘的6枚锯齿。

第2天，锯谷盗出现在距离拟壁钱的网大约9公分的地方。

第3天，我不怀好意地又把锯谷盗丢回了原来的地方。

第4天，锯谷盗不见了。我在附近没有找到，不管它去了哪里，都是拟壁钱长途搬运的结果。我甚至能想象它一路骂骂咧咧的样子。

第5天，我看到一只活的锯谷盗，便再次把它扔上去。坠落的瞬间，拟壁钱迅速出来对着它绕了一圈丝。

但锯谷盗是装死大师。它感觉所处环境不善，马上进入假死，而且它可以数小时甚至十几小时都保持假死。锯谷盗非常瘦，几乎只有一层皮，拟壁钱觉得它很没意思，于是悻悻地回去了。

我想如果轻轻吹一下帐篷上的锯谷盗，或许能制造出它在挣扎的假象。不过我忘记了帐篷下面的拟壁钱更加敏感。一口气下去，它马上从帐篷里飞奔出来，头也不回地往前跑。跑进不锈钢水槽还不停，一直跑到下水口，从塞子的缝隙里翻进下水管才肯罢休。

在暗处休息了1分钟以后，拟壁钱再次现身，但是它没有顺着原路返回，应是它觉得原来的帐篷已经不再安全，得换个地方。它先全速冲过台面上的开阔地，然后像一个刺客一样，借着刷牙杯和空易拉罐的遮挡躲闪前进。它一直跑到东侧的台面阴角，碰触到一个废弃的帐篷。拟壁钱在这里感受到家的温暖，它一闪身钻进去，安定下来。

露尾甲

我继续往拟壁钱的帐篷上扔锯谷盗。这时候一只书虱从墙壁瓷砖上朝着拟壁钱的帐篷爬过来了。书虱是微小的啮虫目昆虫，体长不足1毫米。在拟壁钱那个肉眼勉强可见的一毛钱硬币大小的帐篷外圈，是范围更大的肉眼不可见的单根丝组成的信号线。书虱走着走着就碰到了一根，然后它瞬间转向，朝着右上方快步离开。拟壁钱动了一下，但是它没有接收到第二根丝被触动的信号，因此没有出击。

我在窗台上看到第三只"锯谷盗"，不过它有点胖，我凑近了看，发现是一只露尾甲。它比锯谷盗活跃，应该会引发拟壁钱足够的攻击冲动。但这只露尾甲怪好看的，我想先把它放在手心里仔细瞧瞧。

露尾甲不屑于装死，一秒都不肯装。但是它很善飞。

这里面有一个很简单的逻辑：从名字可知，露尾甲科昆虫的腹部末端是超出鞘翅的保护范围的。如此明目张胆地暴露弱点，势必要拥有更强的机动能力作为弥补。

于是它毫不犹豫地从我的左手手心起飞了。慌乱中，我用右手的如来神掌连续两次把它扣回左手，但露尾甲及时调整了飞行路线，第三次起飞，用一个刁钻的角度成功脱逃，从我的视野里消失了。

不过10分钟后，趋光性的本能指引它回到了厨房的窗玻璃上。我举着宝贝离心管叫了它一声：

"露尾甲！"

"哎？"……

——知己知彼，百战不殆。

露尾甲非常活跃，我不敢把培养皿掀开。我决定先饿它一天，等它没力气了再拍摄。而我最近晚上总是很困，我预见到一个可能的漏洞，但是懒得去纠正：我把露尾甲用培养皿扣在一张用过的白纸上，它并不是很平整，我打算第二天精神头儿好的时候，再换一张崭新的纸。于是露尾甲有了一晚上的时间探索各个边缘，然后从某个缝隙里钻出去了。

——细节决定成败。

所以最终我也没得到露尾甲的照片。不过很快我又从窗户那里截获了一只金小蜂。我先把它扣在培养皿里，然后观察它的起飞规律，貌似它每次只能飞几公分远。于是我就大胆地掀开培养皿拍照。可被我忽略的是，前面统计的数据样本太少了，金小蜂在飞了几次几公分的距离以后，忽然一口气飞了一米多找不着了。

当第5只锯谷盗出现的时候，我终于开始思考一个早就该思考的问题：我家里到底什么粮食生虫了？经过查找，果然是那一箱子拆封的泡面饼，这是平时往火锅里放的，几十个饼码在一个塑料袋里。我清理了泡面的碎屑，这没有用。面饼只是它们繁荣的地方，不是它们发生的地方。它们现在分布在客厅以北的所有房间里，并在接下来的几个月时不时地从一些匪夷所思的地方出现。我以前想不通为什么蜘蛛要在非常偏僻的地方结网，比如橱柜最里面多年不用的年糕切片机的底座反面，这里怎么会有虫子来呢？锯谷盗的疯狂扩散让我明白，任何角落都有机会，那里真的会有虫子去。

我在油烟机顶上找到一只小苍蝇，它躺在上面，像大多数翅膀被粘住的同类那样。不过我用镊子把它夹起来的时候发现它还能蹬腿。我赶紧把它丢到拟壁钱的网上，开始欣赏久违的表演。

拟壁钱二话不说冲出来，围着猎物逆时针旋转奔跑。它背对苍蝇跑动，屁股朝着猎物吐丝，最快转速达到惊人的每秒钟两圈，以至于我仿佛看到苍蝇身上出现了一根旋转轴，而拟壁钱的运动轨迹构成了一个物理学模型。

这只同拟壁钱差不多一样大的猎物给它带来了丰富的营养。两天后，它把苍蝇的空壳从网上卸下来，并在帐篷底下增加了三个粪点。它的腹部鼓胀得近乎球形，我从来没有见过这么胖的拟壁钱。我认为它已经准备好了，它现在缺的，就是一只雄性拟壁钱。

我们俩一起等了快一个月，也没等到造访的雄性。后来我们从宾馆搬回来住，厨房每天都叮叮当当的，拟壁钱忍受不了，去安静的地方织新帐篷去了。我一直留着它的这个小家。

两年后厨房的这个角落添置了一台养生壶，把转角挡住了。8月底的一天，我无意中往后面一瞥，看到了两个渺小的身影——老家来人了！一只新的拟壁钱，还有它的追求者！我赶紧小心地把这里的杂物清空。

现在这只雌性拟壁钱应该是两年前那只的后代了，它的身材比较瘦小。那只雄性停在垂直的挡水条上，它们两个一直保持静止。我从上方拍摄雄蛛，它膨大的触肢呈黑色，十分显眼，里面一定装满了精子。虽然我最终也没观察到交配过程，不过毋庸置疑，拟壁钱的生命必将在这里延续。

叩甲的扳机（续）

—

　　在生物演化的过程中，很多物种身上留下了复杂的机械结构，磕头虫就是这样一个典型类群。2018年，我对在诸暨拍摄到的丽叩甲进行了动作分析。当时这方面的资料比较少，我的分析有一半是基于推测。虽然在大方向上是正确的，但在很多细节上还是留下了疑问。

　　2019年7月，我在杭州植物园又看到了一只。叩甲是非常善于装死的昆虫，所以当它躺在地上祈祷世界和平的时候，我可以从容地调整闪光灯角度，把它的扳机结构用高光区域突显出来。任何人看到一字形的前胸腹后突和中胸腹窝外围的Y字形高光，都会意识到这里有一个机关。

　　我把它装入离心管，仔细观察扳机的扣动。我马上发现人类的眼睛完全无法看清这个过程，确切地说，是无法看到这个过程。我手里有一只躺着的甲虫，管子一震，它就变成了一只趴着的甲虫。没有任何中间过程！

　　我用手机的高速摄影功能进行试拍，通过帧速率换算出，叩甲最多在5毫秒内就完成了扳机的触发。所以拍清楚这个动作至少需要每秒超过1万帧的设备。

在把它放回树上之前，我还是观察到了一些重要信息。正式触发前，叩甲会有两到三次假动作。它把前胸腹后突尖端（我称之为钩子的部件）在中胸腹窝的中间位置比划，钩子这样没有阻力地伸进去是起不到任何效果的，这有点类似于我们敲钉子的时候先把锤子空抬几下。这个动作应该是在寻找最佳支点。然后，它把钩子抵在最靠外的地方，开始动真格的。接下来我就只能见证奇迹。

丽叩甲体长接近4厘米，属于大型昆虫，如果把它的扳机系统拆下来就可以仔细研究。2019年9月初我在小和山停车场地面遇到的那只自然死亡的丽叩甲真是上天的礼物。

这个标本在冰箱里待了20多天后，我终于鼓足勇气把它倒出来，开始进行我最下不去手的事情：解剖。

我小时候害怕虫子的一个原因就是如果它们飞到我身上，我在惊慌失措的过程中可能会伤害到它们，让它们变得残缺。我不怎么吃完整的小型节肢动物也是因为我禁不住想象它们在我的牙床间变得支离破碎。这也许是一种伪善，因为我吃虾仁和蟹肉棒就没有任何不适，但这种想法确实支配着我的恐惧。在摆弄叩甲尸体的时候，它的腿因我的碰触而抽动，经常会吓我一跳。

中小型的昆虫死亡并干燥后就可以直接做成标本，大型甲虫必需去除内脏和必要的肌肉才能避免腐烂。朋友们经常把制作过程发布在网络上，耳濡目染，我也学会了一点皮毛，我用两把直镊操作，对虫体进行拆解和清洁。叩甲前胸和中胸之间的膜组织已经很软，我很容易就把它们分开了。甲虫的外骨骼有很好的密封性能，当它们被打开，臭味马上散发出来。我把前胸里面的腐肉掏走，并用镊子夹着纸巾团和酒精棉球擦拭。为了降低操作过程中的心理障碍，我去除了它的头部。

干净、无异味的前胸部分完成了。它腹面配备着扳机系统的钩子，钩子的尖端和胸背板外角以及连接中胸部位的两个突起做到了神奇的五点共面，可以稳固地立在桌子上。一个重金属工业风的作品摆在眼前，柔光拍摄让它质感毕现，其细节令人感动。

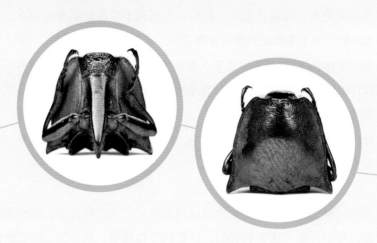

　　钩尖有着复杂和漂亮的曲线，兼具美学和实用价值。我们可以把它看作一只小动物的头部，它有一个尖尖的额头和鼻子。它的鼻尖形状是为了顺利进入引导槽；鼻子下方，只有一个微不足道的0.3毫米左右的突起，构成这只小动物的下巴，从正面看，"下巴"扩展为一道横向宽约1毫米的坎，它是非常重要的提供阻力的位置。

　　钩子末端靠近叩甲头部的位置加厚且布满粗大刻点，因为那是撞击地面的部分，需要增加结构强度和摩擦力。

　　身体后半部分的处理没有我想象的那么简单。中胸留下的洞口太小了，没法把镊子伸进去，而鞘翅又打不开。我听从朋友的建议，用开水浸泡后打开了鞘翅。腹部已经完全瘪了，背板也近腐烂。我把除腹末两节的大部分腹部背板都去除，清理烂肉，随后用酒精做了一次消毒。现

在叩甲的腹部成为独木舟的模样。

　　如果是一般的标本操作，接下来只要填充棉花就可以了。但是这只叩甲要拿在手上把玩，我希望它能具备一定重量。我找了一管开口最细的嵌缝膏，用它填满叩甲的身体，再合上鞘翅。等膏体凝固后，就有了个结实的标本。

　　中胸的"Y"形结构，由于高光的原因，很容易被误认为是一把翘起来的叉子。其实这个形状是从中胸腹板一直延伸上来的，是一面"Y"形的高墙。

　　在中胸腹窝的入口，Y形高墙底部有两根条形突起，它们中间的缝隙就是引导槽，叩甲在比划的时候，钩子的鼻尖部位在槽里滑动，保证扳机系统定位精确。条形突起的末端分开成为两个小的三角形突起，这也是引导槽的起点，鼻尖就从那里伸进来，并且在扳机归位后，这一对小突起还和叩甲的前足基节之间，也就是小动物脖子下面的一个突起相互扣合。值得注意的是，条形突起并不是顺滑的，它在小三角形的底边位置出现了一道微小的凹陷，当钩子的鼻尖进入引导槽后部的时候，下巴会卡在凹陷这里，使之前进受阻。

　　就在此处，力量逐渐积蓄，系统储存弹性势能。当超过一定阈值，相关外骨骼变形，下巴一下子越过凹陷。此时前方再无阻力，钩子向中胸腹窝里猛插进去，势能转换为动能。

　　叩甲处于正常姿态时，钩子就插在腹窝里。当它做触发动作时，需要挺胸、后仰，把钩子先拔出来，这时候它的身体成为反弓形。在触发瞬间，身体形状恢复，原来抬高的鞘翅基部猛地击打地面，反作用力令身体弹起来。

我对这个过程的解释基本满意，不过还有一个疑问。我们小时候玩磕头虫，都是把它的下半身捏在手里，看它一下下地磕头。这时无论是它的鞘翅还是前胸都没有机会去碰撞外物，那么咔哒声是怎么发出的呢？从结构上看，很容易得出一个结论，即钩子前端去撞击中胸腹窝的内壁。但是这个撞击力度非常大，这两个部件应该经受不起如此强烈的撞击。并且，叩甲所处环境是凹凸不平的，如果这个部位的撞击发生在鞘翅肩部击打地面之前，那叩甲相当于用自己的身体抵消了好不容易产生的动能。解答这个疑问至少需要切开中胸腹窝，看看它的剖面轮廓。不过我舍不得破坏这个宝贵的标本，况且用微距镜头拍摄这些细节和用粗糙的工具做同等精度的切割完全是两码事。

2022年3月，我幸运地看到深圳职业技术学院的阮用颖老师领衔发表的一篇论文，题目翻译过来是《叩甲胸部的功能形态及其弹跳机制》。论文是多个团队合作的结果，其中中国科学院动物所的葛斯琴老师团队拥有国内领先的高速摄影机和拍摄昆虫内部三维结构的显微CT机。论文对叩甲的扳机系统进行了详细的研究，特别是解答了我的疑问，即通过影像表明钩子并未撞击到中胸腹窝的内壁上。在"铰接结构"的作用下，虫体将冗余的动能转化为前胸的高频振动。振动有保护虫体、挣脱捕食者两种功能，这与工程上的振动吸能器十分相似。

叩甲标本做好后，我偶尔会把它掏出来，小心翼翼地把前胸装回身体，轻柔推拉，反复揣摩扳机的动作，感受每一环节力道的变化。它如此流畅顺滑、张弛有度，这是千百万年的演化对关键部位的精雕细琢，是大自然在微观尺度上的鬼斧神工。只有亲手触及，才能明白其结构的精妙，以及每一处细节的不可或缺。

阿螽是个好模特

—

  2019年11月10日，学院组织了一场神龙川景区的短途秋游。这个地方已经属于天目山范围，所以虽值深秋，还是可以不时见到虫子的身影。杨蛙蛙被步道栏杆上的螽斯小若虫所吸引，于是我把它带回了家。

  它属于露螽亚科桑露螽属，身后小巧的产卵器表明它是一只雌虫。产卵器将来会变得很大，不能到羽化的时候一下子变出来，要从小若虫阶段就开始准备。它的触须只有大约1.2倍体长，而且左右不一样，可能是折断了。不过没关系，它现在还小，可以通过蜕皮来再生。

  螽亚目的触须远长于体长。通过这个特征可以很容易地把它们和触角短短的蝗亚目成员区分开来，根据这个特征，这两个亚目也被称为长角亚目和短角亚目，而根据雌性产卵器的形状和尺寸，它们又被称为剑尾亚目和锥尾亚目。总之，这两个类群共同构成直翅目。

  我买了一个饲养盒，它就像一个透明快餐盒，四壁上有很多通风孔。我用一根小细枝的两头抵住高处的孔，便于它蜕皮的时候抓握。直翅类昆虫大多数是倒挂蜕皮的，下面预留的高度要大于它们后腿伸直后的体长的两倍。

节肢动物的蜕皮就像是系统升级，可以顺便修复一些小的错误，甚至缺失的腿都有机会重新长出来。不过修复只能从一条微型的腿开始，逐渐增大。如果它剩余的蜕皮次数足够多，这条腿就有机会追平其他的腿，到达正常尺寸。当然，重新打造一条腿也是需要能量的，所以它最终的个头就会小一点。如果它已经是大龄若虫，就没这个机会了。

大多数昆虫的成虫不再蜕皮，所以成虫期损失的任何附肢都会造成永久性的残疾。然而衣鱼这种原始的表变态昆虫例外，它们成熟后依然可以通过蜕皮修复自己。

12月13日，也就是做客我家的一个多月后，螽斯开始蜕皮了。起初它有一点犹豫，先在树枝上挂了一会儿，然后又攀回去在饲养盒里踱步。不过很快它就下定决心，回来正式蜕皮了。

当它的外皮开始发皱，并且四个小翅芽都翘起来的时候，我知道蜕皮进入了不可逆的阶段，便轻手轻脚地把小树枝从饲养盒里取出来拍摄，让后面稍微侧放的显示器作为黑屏背景。

平时只能看到若虫背后有一对翅芽，其实这是个假象。直翅目有一个不同于其他昆虫的特点，当若虫后翅的翅芽产生后，它会向前伸展包裹住前翅翅芽，所以在之后的若虫期都只能看到后翅翅芽。

它的后背先挣脱旧皮，然后张开长大一圈的新翅芽，它们在逆光下漂亮极了。接下来，前面的四条腿同时往外抽。触须的抽出速度很慢，因为新的触须和旧皮之间有很长一段重叠，所以它们起到安全绳的作用。触须一开始是自由的，后来逐渐拢到身后。头壳蜕掉后，新的触须从旧壳触角窝的位置抽出来，弯曲的旧触须经过头壳的"加工"后变成笔直、平行的新触须。这让我想起了建筑工地上一个重要的加工机械：钢筋调直机。钢筋在被生产出来的时候是笔直连续的，为了运输和装卸

方便，在出厂前被冷弯成线圈的形状，运到施工现场后再由调直机调直并切割至所需的长度。

半个多小时后，螽斯开始集中精力抽脱它的后足。昆虫的腿节、胫节和跗节对应我们的大腿、小腿和脚。粗大的腿节出来并不难，因为它的形状就是朝端部逐渐变细的，难的是整条腿的脱出。如果螽斯选择把大腿伸直，靠重力往下溜，就简单多了，但那样足尖最后脱出时还没有力气抓握，很容易掉落。螽斯选择让腹部末端最后出来，在此之前可以依次用已经硬化的足来抓住旧皮。然而这样一来，已经出来的后足根部同蜕的后足根部之间的距离是固定的。这个距离不到整个后足长度的三分之一，如果后足有五六节，那它就可以像鞭子一样抽出来，但是无论后足的腿节还是胫节，都远超过这个可

操作的距离。腿节用光了那段距离，才出来一大
半。在我看来，这事儿已经陷入僵局了。

　　万万想不到，螽斯的操作非常简单粗暴。它把
腿节使劲往背向旋转，在其端部三分之一开始变细的
地方，硬生生制造了一次骨折！这时候它的外骨骼
比较软，就像我们掰弯一根吸管，折痕清晰可
见。随着剩余腿节的抽出，骨折部位的折
角超过90度。

　　胫节的抽出采取了不一样的办
法，它比较细，可以进行更大范围
的变形，实际上它变成了圆弧形，和
抽出来的圆弧形轨迹相同。随着胫节的抽出，膝部真正的
关节可以弯折成越来越锐的夹角，逐渐取代腿节骨折处的夹
角。这就像四边形的一个顶角逐渐变成180度从而成为一个三
角形的过程。在我提心吊胆的注视下，螽斯的腿节终于恢复到
正常形状，并且看不出任何伤痕。当胫节快出来的时候，跗节
已经行进到了蜕的腿节最粗的位置。隔着旧皮能看到里面嫩绿的小
脚滑行，就像它在慢慢地脱一双过紧的透明高筒雨鞋。一百多年前，法
布尔用放大镜观察到这个令他惊奇的过程，如今的微距镜头令我得以看
到更多的细节，我甚至脑补了跗节离开旧皮后足基节时发出的"嘣"的
一声，就像拔掉红酒木塞时的音效。

　　人人都羡慕大长腿，却想不到这双腿背后付出的艰辛。

　　半小时后，螽斯开始用口器清理触须，一边清理一边把触须往外
抽，这样两根触须先后从旧皮里解放出来。一刻钟后，它有了点力气，
向上弯腰，用前面的四条腿抓住旧皮。这个姿势又保持了5分钟，终于把

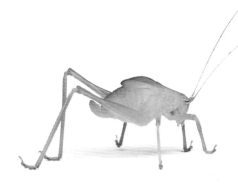

腹部拔了出来。它的产卵器变大了，就像一把用碧玉做成的小刀。接下来的5分钟是活动后足，并和另外四条腿一起攀附在旧皮上。这时候距离蜕皮开始已经过去了1个小时。它又用了半个小时来让自己变强壮，然后开始慢慢地吃旧皮。在此之前，我就悄悄地把它转移回饲养盒了。

它修复后的触须达到体长的1.6倍。它在平地上用跗节行走，前跗节和爪翘起来保持锋利，就像几枚订书钉。

2020年1月4日，它又蜕了次皮成为成虫，这最后一次蜕皮称为羽化。现在前翅终于从后翅的束缚中冲出，扬眉吐气。可它还是比后翅短了一小截，因此后翅的端部露在外面。这就是露螽亚科名字的由来。

现在它已经是一只中型昆虫，触须超过体长的2倍。螽亚目的一个重要器官看得更清楚了，那便是位于前足胫节靠近基部的听器，也就是它的耳朵。胫节在这个位置好像被捏扁了，变得略微宽大，中间有一个豆瓣形的凹陷。这个凹陷其实贯通了胫节，就像缝衣针的针眼，所以从两侧都能看到。但这个针眼没法穿线过去，因为中间还有一层薄薄的膜，它起到的作用类似于人耳的鼓膜，捕捉声波的振动并传递给旁边的听觉神经。和我们人类一样，螽斯靠声音到达两个听器的时间差来判断声源方向。

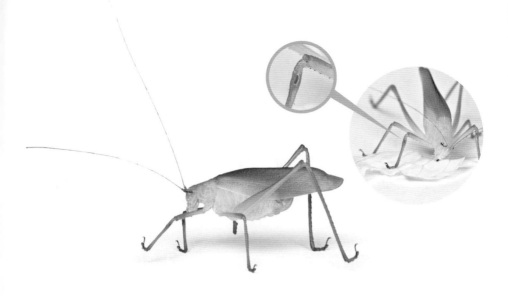

　　它的胃口一直很好，我用各种蔬菜喂食，它几乎是来者不拒，连大葱和香菜都吃得津津有味。卷心菜叶是最方便的食物，它水分少易保鲜，能让饲养盒里保持清洁。

　　到了2月初的时候，它卵巢里的卵成熟了。虽然没有经历过交配，但是它的产卵冲动不能自已。它开始在我放入的小青菜叶柄的锐角边缘部位产卵。它的弯刀形产卵器平时尖端朝上，现在它用口器固定叶柄，把腹部向前弯折180度，用产卵器劈开那个边缘并划出一个小口袋，埋一粒扁扁的褐色卵进去。它还劈开更薄的叶片部分的边缘干这个差事。卵有一小部分露在外面，以至于那片菜叶看上去仿佛开始进行无性生殖了。这个产卵器有着强大的肌肉控制和精细的操控能力，露螽亚科另外一个属曾被报道在一张纸的边缘这样产卵，这是外科手术级别的操作，用刀刃劈开另外一个刀刃。

　　它每天产卵三五粒，一个礼拜后，耗尽了自己的卵巢储备。如果在野外的话，产卵后的雌虫已经没有遗传意义，一般命不久矣。但是这只露螽好像准备要过新的生活，并且接下来它仿佛成了一种永恒的存在。

2020年年初开始的新冠疫情把很多人封印在家里。2月底开学时，我本学期的3门课全部转为线上。我本来没有给这只桑露蠹起什么名字，不过昆虫选修课上的学生们都叫它阿蠹，于是我也就跟着叫。

很多直翅目昆虫遵从粪便远离本体的处理原则。这个策略在毛虫中也很常见，毛虫食量大，吃得快拉得也快，又不喜欢运动，所以短时间内它所在植物的下方就会有一堆虫粪。这些虫粪要么全漏到地面上，要么被阔叶植物的叶子接住，总之就是一个"我在这里"的广告。有些毛虫对此毫不在意，但有些就绝不允许这种情况发生，它们排便的时候会猛甩尾部，把粪粒抛出去，离自己越远越好。有些毛虫甚至肛门处有特化的结构来辅助弹射。

直翅目昆虫不需要这么大的动作，它们有得天独厚的优势。粪便排到过半的时候，它们抬起一条后腿，开始在腹部末端铆劲儿，粪粒刚挣脱束缚，就被一脚蹬飞了！

所以阿蠹的饲养盒虽然在我的视线之外，却不时传来噼啪声提示它的存在。每次必定是两声以上，因为它蹬得力道十足，粪粒会在饲养盒内壁上反弹后才能落地。

3月底，我买了一些微景观的玻璃防尘罩来放杨蛙蛙的小手工，忽然发现这东西也挺适合阿蠹。于是我挑了一个软木塞底的把它装进去，它现在是一个像样的宠物了，我上网课的时候也把它摆在电脑边上，当然，仅限于它饭前的时候，大多数时间它还待在饲养盒里。

我可以拿着防尘罩在手上转动，仔细欣赏它身体的每一处细节。看来看去，忽然唤醒了儿时的绘画狂热，我忍不住掏出素描本对着它画起了速写。

多年以来，我着迷于节肢动物外骨骼的流畅线条。它们的主轮廓大

刀阔斧，充满张力，而小细节精雕细琢，处处都是惊喜。在纸上用笔尖描摹出这些线条，就好像驾车在山地赛道上狂飙。而阿螽特别适合做一个速写模特。每一幅成功的速写，从头胸腹的比例小心翼翼地开始，到前中足的精准摆放，而修长的后足则一锤定音，最后加上恣意妄为的触须，那感觉酣畅淋漓。

　　阿螽在狭小的玻璃罩里走动时会摆出丰富的造型，就如同罗丹工作室里那些倒霉的人体模特们，这是大容器里比较难看到的。后来，我发现在它运动中进行速写最具挑战性，虽然它的移动慢条斯理，但我基本上要在10秒钟之内用最少的线条捕捉它的动作。这对治疗拖延症真的很有帮助。

　　4月份，我把给它画速写当成一件修身养性的事情，每天画个几页纸，后来干脆在它边上摆了啤酒和花生米，假装这样悠闲的时光已经持

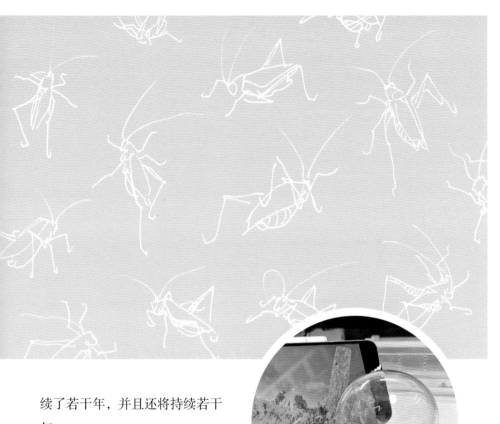

续了若干年，并且还将持续若干年。

　　为了犒劳这位优秀的模特，我找出了昆虫主题的动画片，在手机上放给它看。不过为了"防止近视"，它每天只能看半小时。

　　2020年5月7日，年迈的阿螽安详离世。11天后，疫情暂时缓解，我返校上课。学生们终究没有等到和这位助教见面。

　　阿螽享有远超出在野外的自然寿命，仿佛是为了陪我度过这段重要的时期。但我心中仍有一丝愧疚。我给予它安宁和长寿，却剥夺了它的爱情。

残茧做书签

2007年，我在西天目的清凉峰第一次见到银杏大蚕蛾壮硕的幼虫，十分兴奋。我虽然从小怕虫，但是比较喜欢毛虫和青虫，因为它们的腿很短，整体看上去很简单。说白了，我就是惧怕复杂的事物。

当时我如获至宝，把它粗暴地从树枝上扯下来，在手指间把玩了一会儿，还放进了裤兜里。幼虫身上的毛很硬，摸上去有胡茬的感觉。

转过一个山坳，我被眼前的景象惊呆了：漫山遍野都是银杏大蚕蛾幼虫！我们去的时候正赶上暴发期。我兜里的宝贝急剧贬值，于是趁人不备，我把它掏出来偷偷扔掉了。

银杏大蚕蛾属于大型昆虫，分布广泛，幼虫的食性也并不仅限于银杏。事实上，它并不特别喜欢银杏叶。我从来没有在银杏树上见过它的幼虫和茧。

大多数人会被幼虫巨大的体型和夸张的长毛吓到，成虫也不多见。但是如果你经常去野外晃悠，就一定会对它们那些几乎无处不在的镂空风格的茧过目不忘。

新鲜的茧会拉扯叶片形成半个叶巢，只有部分结构露在外面。但是陈年老茧上的枯叶会逐渐剥离，很容易从头顶的树枝上发现。幼

虫对结茧地点的挑选毫不讲究，除了树枝、草丛也可以，它还会选择树干上的爬藤，甚至在因塌方而露出的植物根系间结茧。

　　昆虫界还有很多类似的镂空型茧，一般认为这样做是为了防潮。因为无所不在的真菌孢子会在密闭潮湿的环境中萌发并杀死蛹。如果没办法做一个枯叶蛾那样密不透水的茧，那就干脆做一个存不住水的茧，无论是露珠还是雨水，太阳一晒就都干了。

　　2020年4月，我从午潮山捡回了三个黑漆漆的老茧子。最近我开始收集自然物，银杏大蚕蛾的茧比较常见，个头大，还很容易唬住没见过它的人。茧子的材质其实就是真丝，虽然经过了若干年的暴晒，它们依然很有韧劲。我突发奇想，如果对它进行漂白，它的颜值是不是马上就非同一般了呢？然后可以用来做好多工艺品，比如塞小灯泡进去做氛围灯，或者剖开一半做小首饰的内层包装什么的。

目前这个时期，每个人家里都有大量的消毒水。我找了个小茶碗，把茧子泡进去。马上有微小的气泡不断涌出来，在水面形成白白的一层，附着的枯叶碎片也一点点掉落，茧色在以肉眼可见的速度变浅。15分钟以后，已经明显变为浅褐色了。哈哈，胜利就在眼前！

我忍耐了两小时后才去检查。茧的颜色更浅了，但是好像比原来少了一些。我拨拉了一下，糟糕！它们大部分都溶解了！

我把仅存的部分重新泡进清水里，忧心忡忡地看着这些残渣。或许它们还有利用价值，我把水分沥干，摆到白纸上。嗯，看起来还不错。三维的装置艺术是玩不了了，但二维的书签还可以试试。

我买过一台家用塑封机。初衷很简单，是为了给杨蛙蛙做一张不怕折的课程表。后来发现可以多做几张，成为不怕丢的课程表，再后来我又做了更多，并且在背面打印好看的昆虫照片，让杨蛙蛙送给同学们。最后，我终于发现它用来做书签最合适，于是把捡来的二维自然物统统塑封进去。

残片保留了一些茧的空间结构。当我从侧面进行拍摄，当时的光影恰好构建出一个迷人的三维场景。我抓住瞬间的灵感，调整策略，把这个时刻尽可能还原并定格。下面的照片应该是这一堆残片的艺术生涯中

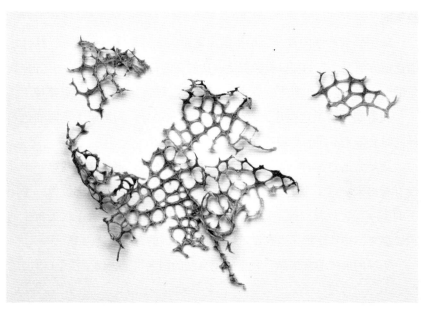

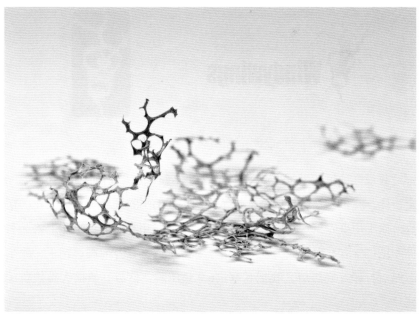

最美的一刻了。

　　除了恰到好处的视角，拍摄的关键是闪光灯要从后面给光，这样才能让前方那个昂起的部分颜色深重，从明亮的背景里彰显出来，并加强场景的空间感。它顶部那些枝节肆意张扬，这都归功于消毒水的鬼斧神工。

　　我着实钟情于这照片，它带有一点盘龙之势，当被赋予不同的色彩倾向时会带来不同的心理感受。

　　我经常通过这种杂乱的东西看到具象的场景，不过这次我第一眼并没有看出来。过了个把小时，我才找到答案。那个昂起的部位像一个国王的头颅。它戴着荆棘王冠，表情痛苦。这个场景于是有了亡灵重生的积极意义，并且让我在当晚做了一个林中王国的奇幻史诗大梦。

　　头颅的形象非常饱满，我干脆把自己的网名拼上去做了两个LOGO。

　　我最终确定的书签尺寸为7.5cm×15.0cm，这几乎和手机的6寸屏完全一样，我可以在手机屏幕上显示不同构图的书签底版来调试实物的摆放，而不用事先把这些底版打印出来。最终我用相同的色系印上物品名称和昆虫学名，以及我公众号的名字和二维码。在背面则选用了一张生态照。打印好底版后，我把它塞进6寸热压膜，然后开始摆大蚕蛾茧的残片。

银杏大蚕蛾·丝茧碎片
Dictyoploca japonica Moore

法布尔的扇子

　　我小心翼翼地把它们展开压平。消毒水泡过的茧很脆，展开的过程产生更多的碎片，不过这些小的碎片呈现出来的样子也很好看。制作的难点是如何进行构图，把它们摆放自然，疏密有致。我的构图能力不咋地，只能尽力而为，然后把它推进压膜机。总之它已经是我目前做过的比较满意的书签了。

　　这是一个弄巧成拙，复又变拙为巧的过程。因为喜欢这张书签，进而爱屋及乌，对把它夹进去的书籍也产生了更大的好感，觉得自己更喜欢阅读这件事了。

　　接下来的事情就是：玩儿命地用它，读书！读书！

手电筒的妙用

—

有一段时间，我对昆虫的行走方式产生了
兴趣。如果仅凭肉眼观察，很难发现它们六条
腿的摆动有什么规律，但是科学家们早就通过
高速摄影等手段揭示了其中的奥秘。我所考虑
的，是怎样用我现有的简单设备（普通相机）来捕
捉到这个过程，并且用图示的方式表达出来。

昆虫的运动，相当于两个三脚架交替前行。每一侧的前、后足和对
侧的中足构成一个三脚架系统。所以在任何时刻行走中的昆虫都可以停
下来并且保持那个瞬间的姿势，因为它一直有一个稳固的三角支撑。而
人类和部分四足动物则会因为重心在支撑点外而摔倒。这也是六足生物
得以繁盛的原因之一。当我们看到一只停歇的昆虫，很容易在脑海中连
线，补全那两个虚拟的三角形。

我从植物园带回来一只毛束象。它是常见的象鼻虫，脚掌宽大，行
动缓慢，并且不怎么飞，是个不错的模特。但是在拍摄的时候，我遇到
了难题。那就是微距摄影的大敌：景深过浅。

当镜头聚焦于某个点时，与视线垂直并通过该点的平面叫作焦平
面。离开焦平面前后一定的距离，景象就开始变虚。这个保持清晰的前
后距离加起来就是景深，也就是清晰景象的深度。景深受多种因素影

响，其中一条就是被摄物的尺寸。尺寸越小，景深越浅。昆虫摄影的景深通常以毫米为单位，甚至是零点几毫米级，所以一只圆滚滚的虫子只能做到局部清晰，而一只翅膀平展且垂直于视线的蝴蝶就好拍得多，因为它的全部身体都位于焦平面内。

我把象甲放在纸上，相机自上而下拍摄，焦平面同纸面重合。此时象甲的六足都在景深内。可是当它迈步走动的时候，它的足得抬起来，这一抬就到了景深以外，变虚了。有一些措施可以增加景深，但都是以损失画质为代价的。

我本来打算在软件中删除白纸部分，把象甲处理成剪影，再做成简单的行走动画，但是变虚的足肯定不行。我思考片刻，想到一个好办法：干脆拍摄真正的剪影。

我搬来两把椅子，中间留半张纸的空，然后从食品包装箱里找出来一个透明度很高的塑料壳子，它的样子像个手术托盘。把它架在椅子中间，上面盖一张透明亚克力板，就做成了一个临时的封闭容器，象甲可以在里面走动。亚克力板上再放一张白纸接受投影。我在地上放了一盏矩形摄影灯，它有钱包大小，其实就是个大号手电筒。摄影灯发出接近平行的光线，照亮象甲的腹面，并且把它的影子投射到背后的白纸上，这就是象甲在现实世界里的正投影视图。从上面看白纸，光亮和阴影黑白分明，轮廓清晰。通过把三维物体的信息压缩到二维介质上，景深问题得以解决。

想象一下我们手拿两根老人用的三脚拐杖，交替挪动前行。拐杖的三个脚很难同时落地，象甲的三脚架系统亦然，它以一个很小的时间差从前往后移动这三条足。比如依次启动左前足、右中足、左后足，身体前移，并把另外三条足甩到后面。前者形成的三角形处在一个变化的过程中，而后者形成的三角形留在地面，在前三拍中保持不变，在后三拍

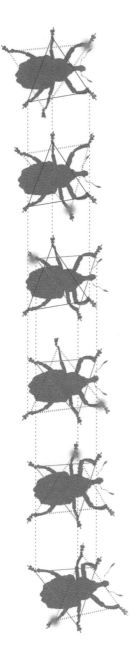

中，两个三角系统的特性互换。

知道了这些以后，就可以想象出虫子们好像是蹬着两圈橡皮筋在走，它们构成一对顶角交叉的三角形，不断交替变化。当然这只是主要模式，昆虫还有一些其他的行走模式（还包括失去几条足后的模式）。对阿螽这种后足远长于前、中足的直翅目昆虫来说，它有时候会按照这个模式，前、中足迈大步，后足配合小碎步，有时则在第一轮中后足只是伸展，等到第二轮才跟进，也就是说，前、中足迈两步，后足才迈一步。这总是很别扭，好在它们主要靠跳跃和飞行来移动。

我把从秀丽锥下面采到的被虫子咬出规则小洞的叶子带回家，在指尖捻转的时候，忽然发现一个现象：位于孔洞靠近叶片基部的二级脉会向它强烈弯曲，看上去就好像这些孔洞把二级脉给"吸"过来了。因为我恰好有一片开了一半孔的叶子，正常部分的二级脉是平滑舒展的，跟另一侧对比明显。

我纳闷于这个现象，想知道叶子到底发生了什么变化。正常情况下，三级以下的叶脉会呈方块状分布，它们会记录下叶片的非正常变形。这些叶子已经被我烘干，呈现毫无细节的灰绿色，不过一个合适角度的强逆光可以让细小的叶脉重新现身。于是我赶紧找出我的手电筒。

如果在一张绷紧的橡皮膜上扎几个孔，由于张

力的作用，孔洞边缘的膜就会倾向于逃离而让孔扩大。照片中叶子的情况恰恰相反。在创伤性的孔洞产生以后，周围的叶片组织纷纷向孔洞方向挺近，想要修复这个创口，至少要让它变小。不同层级的叶脉变形清晰地记录了这个过程。叶片应该是在幼嫩时受损的，这样在叶子继续生长的过程中，叶脉有机会产生较大的变形。

它们是如此地急迫，奋勇向前，以至于有些平直的三级脉被中部强烈突进的前锋拉成了直角。生命的本质之一就是对物理法则的对抗，这些逆行的叶脉，不仅让我体会到植物真实的生命力，甚至感受到它们澎湃的激情。

植物园的壳斗科分类区有很多可爱的毛虫在夜间进食，特别是各种刺蛾科毛虫。它们就是我们通常所说的洋辣子，用鲜艳的警戒色彰显自己是剧毒毛虫里的最强音，曾经蜇哭过无数的大人小孩。然而有一些刺蛾幼虫的毒腺退化，改用低调的保护色隐藏自己，并且放弃毒毛，用加厚的角质化外壳御敌。

像软糖一样的背刺蛾幼虫知名度比较高，让人看了就想掐一把。植物园里更常见的是翠绿色的艳刺蛾幼虫。因为无害，便可以随便欺负。在普通人眼里，它们是洋辣子中的和平主义者；在我和其他洋辣子眼里，它们都是败类。

我曾带过几只艳刺蛾回家。其中一只蜕了次皮，并且以极快的速度吃掉了它。不同于普通毛虫蜕皮后留下皱巴巴的一团，艳刺蛾的蜕依然保持挺括。在我抢拍的照片里，它们晶莹剔透，像用冰糖从幼虫身上翻模做出的一样，保留了身体的结构细节。如果放大看，就像一幢全玻璃的建筑。看着幼虫那有点像体育馆的半透明身体，我突发奇想，可不可以从底部给它打光，造出一个自发光效果呢？

考虑到幼虫太小了，必须用一束极细的光穿透承载它的纸来照射，再由幼虫身体里折射的光来照亮纸面。如果手电筒把纸面都照亮了的话，效果就会比较假。这事儿很简单，我把矿泉水瓶盖塞满黑色纸黏

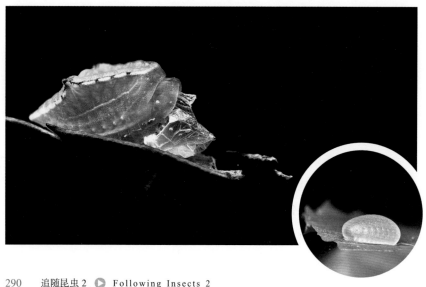

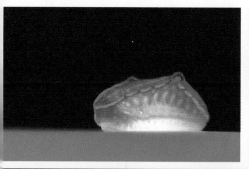
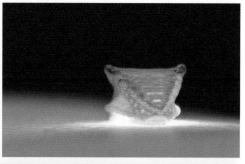

土，中心扎一个小洞，套在竖放的夜观手电筒前端，然后把幼虫和白纸小心地架上去，这样就获得了我需要的光束。

按说应该至少需要三支同样高度的手电筒才能稳稳地托住一张纸。但我只有两支，并且懒得找第三支的替代品。我小心地摆放它们，居然用两支也勉强保持平衡了。并且由于纸面的卷曲，还意外地模拟了起伏的地形。我对效果非常满意，并按照常规套路给它加上配景，使之成为一张真正的建筑效果图。

我甚至写上了基本的构图原则和相关注意事项，并用在了计算机辅助设计的课程教学中。

　　我玩得兴起，想起来我为数不多的自然物收集里有一只跳蛛蜕。它的主人是一只弗氏纽蛛，这是野外最常见的漂亮跳蛛。当时它刚刚在稀疏的丝巢里完成蜕皮，正把蜕往门外踢。于是我当了一次回收员，接收了它这件旧衣裳。

　　蜘蛛腹部的皮比较柔软，蜕下来后就和腿上的皮蜷成一团。但是它的头胸甲的背壳坚硬，并包含了所有的单眼。跳蛛科每只单眼形状都是正球形的一部分，很多怕蜘蛛的人却唯独喜欢跳蛛，他们所着迷的就是那对巨大的前中眼。当跳蛛和镜头对视时，它的单眼是乌黑发亮的，而蜕的单眼部分则澄澈透明，令人联想到飞行器的舷窗。在拍摄它的时候，我甚至想变成一个小人儿钻到后面去，透过这扇窗看世界。

　　我们还常常把跳蛛的前中眼比作汽车的大灯，它外侧一对略小的前侧眼就充当了转向灯。既然是大灯，就要发出更强的光束。

　　我手头的硬件设备是做不到了，但是我可以在后期软件中强行加上探照灯一般的光锥特效，然后想象它在雪地里东张西望，变速漂移，渐行渐远。

会跳舞的洋辣子

2020年7月，我去杭州植物园例行夜观。因为晚饭的时候例行磨蹭了一会儿，当我掏出相机对准植物园路边垃圾箱上的菱蜡蝉时，已经快晚上9点半了。

一切看起来平淡无奇。鳃金龟趁着夜色大嚼叶片，美蒂蛛守护着淡黄色的卵囊。蛾蠓在鹅掌楸的叶子背面发呆，它正站在一个二级脉区间里。这里就像一个别墅区的总平面，由三级脉构成小区道路和组

团道路，而四级脉则构成了宅前道路。我给了蛾蠓一把丁字尺，它变身为一位规划师，趴在图纸上测量起日照间距来。

我来到壳斗科分类区。刺蛾幼虫通常躲在叶背进食，而用头套翻过去包住叶片边缘。它们吃得很斯文，从叶子正面只能看到半个头套，以肉眼难以察觉的速度横向移动。躲在头套里吃虽然有点掩耳盗铃，不过我猜，也许对阻碍叶片伤口处挥发的信息素招来寄生性天敌有一定的作用。就像趴在课桌边缘，用夹克风帽盖住脑袋偷吃零食的同学，散发出的气味和声音确实小了许多。

这附近有很多艳刺蛾幼虫。然而当晚，在钩锥高高的枝叶间，另一

只正在进食的刺蛾幼虫被我发现了。乍一看它跟艳刺蛾有点像，但有一点不同的地方，艳刺蛾是绿色的，而它是淡蓝色的，背上还有两只尖尖的小犄角。我踮脚来回跳了好多次，终于把那片叶子给拽下来了。

我打量这只幼虫，它的模样完全超乎想象。它有着非常规则的几何造型，大体呈一个左右对称的五面体。一对钝角三角形侧板，一对锐角三角形背板，再加一个纺锤形的柔软底板，组成了这个神奇的身体。不需要任何艺术加工，它俨然一座小型建筑的模样。背板在最高点相交为一道屋脊，两侧那一对倔强的小犄角像是护脊的螭吻一样，让这座建筑既传统，又时尚。它真的是现实中我可以拥有的虫子

吗？我隐隐感觉到，这可能是我离仿生建筑学最近的一次。

虽然夜观只进行了一个小时，但此刻我已无心恋战，赶紧把叶子装进塑料袋，开车回家。一路上不断告诫自己：小心驾驶。我有过无数次多重梦境的经验，在底层梦境捡到了宝贝，在上层梦境里不断醒来，看到它们依然攥在手里而窃喜。但最终回到现实后，却只剩下无限的失望。我把袋子放在挡风玻璃前面，这样就可以一直盯着它，防止它像魔术师的道具一样突然消失。到家后我赶紧把幼虫掏出来——啊哈，它还在！这不是幻觉！

我把幼虫摆到桌子上，支起下巴仔细观瞧。幼虫的美丽令人感动，外形极简却拥有奢华的配色。淡蓝为底，明黄勾边，侧面点缀黄色弧形

虚线、橙色气门和紫色的不规则色斑，怎么看都不像地球上的虫子。幼虫以前没有被人类摸过，我轻柔触碰的动作刺激到了它，它忽然开始剧烈地左右摇晃起来，并伴随清晰可辨的"咔咔"声。

这是一个振奋人心的发现，我马上意识到，这可能是幼虫的恐吓行为。恐吓行为并不罕见，昆虫通常用视觉、听觉、化学、发光等途径呈现。然而这条幼虫可以同时用视觉和听觉两种信号来发出恐吓，这可不一般。

它的身体基本上是浑然一体的，只能靠腹部肌肉的调节使背部做出拙朴的摆动，酷似迪厅里的新手。恐吓行为可以持续数分钟，如果刺激没有继续，则摆幅和频率逐渐减弱。仿佛嫌这个动作太单调，幼虫还会在平面上旋转一个角度，然后继续刚才的摆动。

那么这个咔咔声是哪里来的呢？幼虫身上没有任何发声器官，它应

该来自腹面的动作，但是幼虫的整个腹面都被背板遮住了，连头部也蒙在了头套里。

试了几次以后，我发现这个行为非常稳定，一旦启动就不会因为其他的刺激而暂停。幼虫就像一个舞痴，至少要跳完两个小节再做下一步打算。于是我趁它舞兴正浓的时候，把它身子下面的叶片不断向后卷，一会儿它的脑壳就从头套下面露出来了，真相大白——幼虫正在用上颚疯狂地来回刮擦叶片，咔咔声就是这样发出来的。

刺蛾幼虫在叶背进食，除了躲避天敌，相比光亮的正面，粗糙的叶背可以刮出更大的声音。在光滑的亚克力培养皿里，幼虫虽然会做出相同的动作，但并不能发出声音。我咨询了东北林业大学做刺蛾研究的吴俊博士（韩老师的学生），这个行为在刺蛾科中鲜有记录。

所有刺蛾科成员幼虫的腹足全部退化，它们像蛞蝓一样靠腹部肌肉的蠕动前进。至少从上方观察的时候，只看到一辆缓慢行驶的小房车。当然，它可以灵活完成转向和倒车等基本动作。当幼虫状态放松时，头尾会略微昂起。用小眉刷触碰它，它会停下来并降低底盘，前后背板都紧紧扣住纸面，不露破绽。因为我类似的刺激给得太多，幼虫不再认为那是要紧的威胁，所以从辛苦的恐吓行为转为简单的防御姿势。

背板和侧板组成了一个较为刚性的结构，限制了它做出普通毛虫的沿身体轴向扭转的动作。因此当我把它从叶子上掰下来侧放的时候，它

会露出毫无防备的、晶莹剔透的腹部，并且无法实施任何有效的自救。

如果我把它肚皮朝天放，刚好有一个稳固的三角面作为底板，那真的是叫天天不应，叫地地不灵了。幼虫只能伸出六条无助的短小胸足，肚子气得一起一伏。

不过在自然界不会有这样的"翻车事件"发生，因为它们同叶片的黏结非常牢固，我得花点力气才能把它掰下来。它的两块三角形主侧板的下面还有两条可折叠侧板，也就是橙色气门所在的体壁。当处在平面上的幼虫采取防御姿势时，身体被顶部的三块骨片完全遮蔽，另外两块也嵌

进去。但是在弯曲叶片以及枝条上，另外两块骨片可以伸出，使得幼虫最多可以对身体形成240度的保护。

欣赏过幼虫神奇的造型和色彩之后，我开始发掘它身上其他的宝藏，即次一级别的细部纹理。

保护着幼虫身体的侧板和背板并不是光洁平整的，那上面排列着一些三角形和菱形的凹陷。如果用平面设计师的眼光来看它，引入一个"图底关系"的概念，把凹陷图形作为底，便会注意到那些围合它们的凸起的肋。当我进一步用建筑师的眼光去看时，则把那些看似歪扭的布满疣突的肋拆解成两组相互交叉的弯曲梁。

我先把幼虫身上的凹陷图形描出来，然后花了一些时间来建立那些只存在于我想象中的曲梁，绘出了一个比较理想的模型。当然，幼虫的身体并不能和它完美符合，因为它毕竟是一个生物体，而且不同的动作会引起体壁的复杂变形。

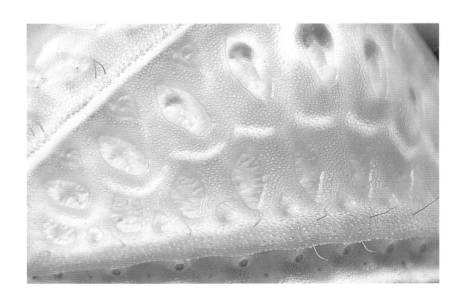

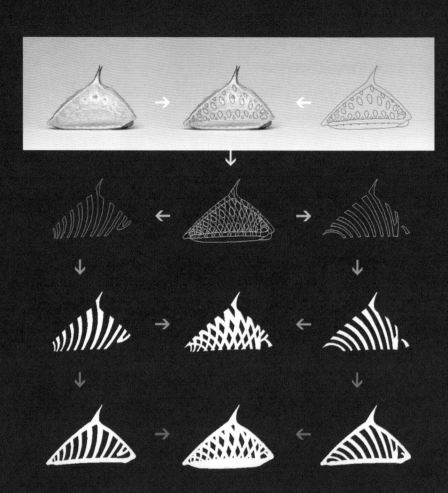

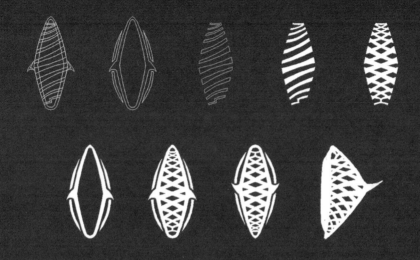

幼虫背部的纹理左右对称，比较容易提取。它呈现建筑和道桥领域中常见的箱式桁架梁的形态。无论侧面还是背面，幼虫都熟练运用了设计中的常用手法：首先建立单元形，通过一维或二维阵列生成韵律，然后在局部打破某个单元，形成趣味中心。

比如从侧面看，幼虫本来是一个左右对称的结构，但是在头部方向减去了一个单元格，随之而来的是各种元素的变化。这个变化也使得分辨幼虫的头尾比较容易。背部的两条黄色脊线在幼虫尾部相交于一点，但于头部未相交，由一道短的横脊联系。

我把它带回家的第二天，打算用相机认真拍点热舞视频的时候，它却不怎么回应了。第三天，背上的犄角也没有以前那么挺拔了，开始向内侧弯曲。这两个迹象表明，它可能要化蛹了。到了晚上，两只背角已经完全耷拉下来，身体皱成一团，难看极了。它的轮廓正在由棱角分明的类五面体向椭球体过渡。

当幼虫开始缩在角落里吐丝的时候，我把它从饲养盒转移到培养皿。它用了大约10个小时，在培养皿的壁上铺了一层厚厚的丝垫。然后，它开始编织丝茧。幼虫首先围着自己编了一个松散的网兜，然后在里面不断旋转，把网兜织得越来越密。短小的背角已经完全贴在背上，这样就不碍事了。前一天进行的准备工作令外壳软化，使它获得平时没有的柔韧性。我觉得这时候不管把它以何种角度放在地上，它都有能力扭动腰肢把自己正过来。

正式的结茧工作大约于上午11点开始，中午我送杨蛙蛙去城北打球。等我们回来的时候，一个坚硬、漂亮的刺蛾茧已经完成了。根据我的估算，这项工作可能需要三四个小时。

蛹期23天。8月初，成虫羽化了。这天中午，吧台上的培养皿中传来乒乒乓乓的撞击声。雪白精致的茧子里钻出了一只黑乎乎的、脾气超级暴躁的扑棱蛾子。它像没头苍蝇一样在里面横冲直撞，培养皿内壁到处都是散落的黑色鳞片。我赶紧把培养皿拿进冰箱冷藏室，让它冷静一下。

半小时后我把成虫拿出来，趁着片刻的安静给它拍照。这位就连长相也同苍蝇十分相似，因为它居然拥有刺蛾科里罕见的透翅，即翅的大部分区域没有鳞片。十几分钟后，随着温度的升高，它又恢复了活力，开始自残了。看着它越来越短的翅膀，我实在没有办法，只能把它请到冷冻室永远冷静。

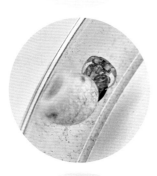

当一切结束后，我把它放回培养皿，并继续留在吧台上。

一年后，2021年9月，好友蝶衣在植物园带夜观团的时候发现了一只极为相似的幼虫。我当晚就把它要过来了。

新来的幼虫和去年我采到的一模一样，但是个头小一点。根据这个时间推测，它可能是本年下一代的倒数第二龄幼虫。可惜我并没有养好，幼虫最终绝食而亡。刺蛾幼虫是公认的"难伺候"。

我趁幼虫腐败之前把它泡到酒精里，这样至少可以通过提取肌肉中的DNA来测序定种。我又在吧台上找到了放置一年多，盖子已经布满灰尘的培养皿，把那个干巴巴的成虫（触角还掉下来一只）塞进离心管，一起寄给吴俊博士。我实在懒得清理这个脏兮兮的培养皿，便把它连同里面的茧壳和蛹壳一起丢掉了。

几天后，吴博士反馈了一个令我惊掉下巴的消息：DNA测序表明幼虫和成虫是同种，而解剖后的形态学证据表明，这是一个刺蛾新种！

它属于刺蛾科一个非常冷门的属 *Pseudonagoda*，该属此前世界范围内只有两种，分别在赤道附近的苏门答腊以及它北边的安达曼群岛，两种各仅有一只雄性标本。杭州作为第三种的模式产地，距离上述两种直线距离超过3500公里，从热带跨度到北亚热带，具有重要的生物地理学意义。

作为惯例，将发现地浙江的拼音拉丁化后作为种加词。我的姓氏非常荣幸地留在了定名人中，这源于我对幼虫行为研究的贡献，而不是因为我发现了它。它的完整学名为：

Pseudonagoda zhejiangensis Wu, Yang & Han, 2022

我以前记录学名的时候，只标双名法里的属名和种加词（斜体部分），大佬们常教育我说要带上定名人（正体部分）以示尊重，而我不以为然；经此一事，我深以为然了！

可惜的是，这个美美的洋辣子当时并没有中文名。*Pseudonagoda*属来源于另外一个冷门的*Nagoda*属，*Pseudo-*这个前缀是模拟的意思，这两个属都没有中文名。

但这并不妨碍我给它起俗名。俗名不能用于学术交流，所以比较自由。它能让我联想到很多具象的东西，比如路由器、骑行头盔、牛头狻什么的。但是，如果根据幼虫独特的恐吓行为，我可以把它叫作：

动次达刺蛾！

这个洋辣子集万千宠爱于一身。它什么都会，就是不会蜇人！

我的新种梦终于得圆。

每个新种都需要在学术期刊发表论文来确立合法身份。跟普通人想的不一样，发现节肢动物门的新物种并不是什么了不起的事，因为它们的种类实在是太多了，以至于单个新种很难发表论文，至少得亲缘相近的凑个半打以上才行。但是为了改变大多数昆虫只有学名、DNA序列和形态描述，而对其习性和非成虫期所知甚少的现状，学术界鼓励对新种的生物学特性进行描述。因此吴博士和我合作的论文得以发表于国际分类学期刊上。

想不到我一个建筑学出身的人，发表的第一篇SCI论文居然是在昆虫学领域。

半年后，吴博士给出了中文名：浙江拟纳刺蛾。到目前为止，在云南、广东、江西等地都有幼虫发现。所以它的分布范围可能十分广泛。说不定当我们在壳斗科树木下面乘凉的时候，可爱的洋辣子就在头顶跳舞呢。

幼虫的形象充满魅力。它有着极大的文创潜力，并且对仿生建筑学中的形式仿生和结构仿生分支均有借鉴意义。我趁着热情最高涨的时候花10分钟建立了一个简单的意向模型。希望未来的某一天，它可以建立在现实世界的土地上。

青蜂的小宇宙

—

平日里，山水园北边的一圈小路我不怎么去，因为它是市民和游客来杭州植物园散步的常走路线，干扰太多。而当我为了找寻新墙面上的葩苔蛾箭阵，那边的几个亭子就值得探索一番了。

6月7日下午，我来了。没有想到的是，这一片的虫子颇为丰富，徘徊在木柱子上的青蜂是跟我打招呼的第一只昆虫。它通常以阳光下金绿色的身影出现，有时候会被认成绿头苍蝇。但我知道青蜂的每一寸肌肤都华丽无比，只苦于它是极其活跃和警觉的昆虫，自然状态下很难追得上它的脚步。我没有半点犹豫，掏出离心管，将它请回家里做客。青蜂在里面跌跌撞撞，我惊奇地发现它的足无法抓住光滑表面。

到家后，我把青蜂转移到培养皿里，它抖动触角四处试探，却久不得出路，精疲力尽地睡着了。于是我掀开盖子，尽情欣赏。同虎甲一样，青蜂全身呈现金属质感，体表大部分是金绿色，并向腹部末端过渡到金蓝色。

我最初的想法很简单，就是拍摄清晰的侧面标准照。没想到这很容易做到，一个入门级的微距镜头就可以展示这个美丽身体的大部分细节。跟人像摄影类似，模特本身的气质在很大程度上影响着照片的最终效果。

我很快发现，青蜂会以两种方式入睡，姑且叫作深睡眠和浅睡眠。在深睡眠状态，它把头低低地埋起来，触角收进里面做支撑，就像马扎的两条腿，这样就做成了一个旅行枕。身体的中部弓起来，看上去好像是用头尾支撑体重，而触角和腿只是为了防止侧翻。

浅睡眠则是从一个清醒状态开始降低重心，趴直身体，触角从活跃的拍打状态逐渐停下来垂在地上而已。简言之，浅睡眠就像一位睡眠不足的同学，又不想错过课堂内容，就努力抬着脸迎向黑板；而深

睡眠则是这位同学实在无法战胜困意，于是他干脆把头埋进胳膊睡个痛快！

观察青蜂入睡是一件很好玩的事情。浅睡眠只有短短十几分钟，然后它把头一低，触角往后一收，就进入了深睡眠。这个动作必须一气呵成，因为昆虫触角的鞭节里是没有肌肉的，若是它收触角的时候犹豫了，半截停在外面，就只能靠前足来帮忙了。有一次我看到青蜂左边触角已经支好，右边触角却横在一边，就这样凑合睡了几分钟后，它忽然伸出右前足，把触角拽了进来。这很明显是一个下意识的动作，就像我们半夜里拽被子一样。

最果断的入睡，是一对前足同时发力，做出一个洗脸的动作，把触角一撸到位，啪的一下就睡着了！仅仅为了看青蜂收触角，我一次次地不断把它唤醒。这确实是没礼貌的行为，可我就是忍不住。

即使是在睡眠之中，青蜂也有许多小动作。它会突然抬起一条腿，略微伸展并抽动一会儿——这不也是我们在梦中经常遇到的吗？所以，虽然管控昆虫自主意识的神经系统非常简单，但是在梦境和潜意识范畴，或许应该从全新的角度来认识它们。

目睹了这只小昆虫的可爱行为之后，我打消了把它做成标本的念头。

6月8日早上7点，青蜂准时醒来。它的作息像老年人那样规律，早睡早起，而且还要午休！有些独居的膜翅目昆虫在野外过夜的时候，会用牙齿叼住小树枝的末端，身体悬空。如果青蜂也能这样做的话，我就可以拍摄全方位的照片啦！于是我去学校里寻找合适的小树枝。

我来到办公楼，发现不必舍近求远。走廊尽头是园林系研究生们放置的各种花盆和瓶瓶罐罐，和我熟识的黄均华同学允许我从做扦插实验的红枫细枝里挑选。我抽走了一根最干的，它带着两片好看的叶子。

我在家里找出一个直径10厘米的球形玻璃罩，然后把修剪过后的红枫插入配套的软木塞底座。当天晚上，青蜂完全不按我的预期行事，因为球形的玻璃罩和圆台形的软木塞之间形成了一圈锐角缝隙，这是一个很好的藏身之所，它首先选择缩在这里。我不断地用玻璃罩边缘碰触它的小脚，提醒它：在这里睡觉是不会有好结果的。

在我的持续干扰下，青蜂恍然大悟。它爬上细枝，头朝下，依然用触角做好自己的枕头，把身体弓起来。它的上颚也会碰到树枝，但主要的力量还是靠六条腿的抓握。当我继续干扰时，青蜂看起来困极了，并且拒绝屈服。它把身体弓得越来越厉害，直到接近一个半圆。这其实是它的防御姿态，在野外，它甚至可以把腹部贴近头部和胸部来完成一个椭球形造型，像西瓜虫那样把最坚硬的部分露在外面以抵抗敌人的撕咬。这是动物界常见的球形防御，而其他的膜翅目昆虫很难做到。

我仔细看了青蜂的上颚，它们十分弱小，不可能独立支持自己的身

体做出高难度的杂技动作。我的拍摄计划泡汤了，于是它得以踏实地在红枫枝头度过一晚。

6月9日，我开始给它喂食。起初，我用饮料瓶的盖子放了点白糖水，但旋即意识到这个瓶盖的尺寸对于青蜂来说，相当于一个巨大的消防水池，盖子比它站起来还要高，它从外面是看不到糖水的，而且万一掉进去了也很麻烦。

于是我在盛放小零件的抽屉里拨拉一番，拣出来一只按压容器运输过程中的固定卡扣。它是一个带底座的大写字母C，两端开放。我在中间滴上糖水，放入玻璃罩。这时候青蜂正在午休，我心怀忐忑，不知道它睡醒后能否找到这款午后甜点。

仅仅过了一刻钟，我瞥见青蜂醒了！它径直跑到卡扣边，扶着边缘"站"起来，嘴巴刚好碰到糖水。它非常认真地吸了几十秒，难掩兴奋，绕着玻璃罩跑动了几圈，又返回继续吸食，直到心满意足。

我及时用手机拍摄到了这个画面，青蜂喝糖水的动作非常可爱，我的心瞬间被融化了。补充完能量后的几分钟，它就像换了只虫，行动迅速，走路也趾高气扬了，开始频繁地在罐子里探索，偶尔炫耀一下飞行技巧，还出现了前面未曾有过的清洁行为。它的前足可以灵活地清理口器、复眼、脖子和后背。看来虫子也有一个需求金字塔，填饱肚子以后就要考虑形象问题了。

　　因为白色卡扣不像细枝那样固定在软木塞上，当我转动玻璃罐观察青蜂的时候，它歪倒了。上面的糖水足够黏稠，没有流出来，我索性就随它这样了。

　　晚上，到了睡觉的点，我却找不到青蜂了！略一搜索，原来它躲在卡扣倒下形成缝隙里，那儿刚好能容得下它的小小身体，只是从外面可以看到它的蓝屁股缩在里面。这个狭窄空间肯定给了青蜂莫大的安全感，它就像待在一间胶囊旅馆里。

　　6月11日，青蜂找到了更好的睡觉的地方：它钻到了红枫的叶子里。两片红枫的掌状叶因为干枯而卷曲，就像微微拢起的手指，温柔地托着这只小虫。青蜂花了半小时在每个"指缝"里不断进出、对比，终于找到了最舒服的睡眠姿势和进入方式。在接下来的近一周时间里，它每晚都睡在叶子吊床里，再没有换过地方。

　　6月14日，我咬着牙组装起拍摄超微距的设备。一只连接多个套筒的显微镜物镜替换了原先那只放大率为1∶1的常用镜头，它可以提供等效10∶1的放大率。但是这样拍出来的照片景深只有100微米左右，所以要配合一套电子云台，它通过一个步进电机，每次拍摄前把焦平面移动半个景深的距离，最后在软件里把几百张里的清晰部分合成为一张全景深照片。这个过程叫作焦点堆叠，这些器材都是朋友胡健老师借给我的，他用这套装备拍摄蝶卵。因为拆装麻烦，我轻易不用。青蜂的复眼以及身上的细节值得进行更加清晰的展示。今天它连续第三天睡在红枫吊床里，我需要把它转移到白纸上拍摄。

我把青蜂从吊床里轻轻推出来，但可能是因为清梦被扰，它的起床气一下子爆发出来，在玻璃罐里叮叮当当地暴走，像一个吵闹的小孩，怎么也不肯睡了。折腾到晚上11点半的时候，青蜂终于疲倦，在白纸一侧乖乖睡着了。

　　经过斟酌，我决定拍它右前方的平视图。这只物镜的焦平面固定于前方大约6毫米处，不能像普通镜头那样前后对焦。而此时青蜂的头部距离白纸边缘还有上百毫米。还好，像小孩子一样，吵睡后的青蜂就睡得特别沉了。我算好角度，手起刀落，将白纸从离它脚指头3毫米的地方割开，偷袭成功！

　　接下来就是把这张三角形的纸拼到镜头前面拍摄。按照我的计划，云台每次前进50微米，大约要拍摄100多张。但是再深的睡眠也扛不住几秒钟一次的闪光灯骚扰，在拍到第七十几张的时候，青蜂终于被闪醒了。它懵懂地原地爬了几圈，翻到托盒后面的背光处继续睡，拍摄失败。

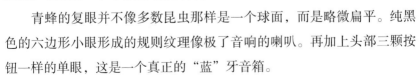

　　已经拍好的照片里，青蜂受闪光灯影响也有很多肢体的小位移。事后，大佬告诉我，活体堆叠要用恒定光，不能用闪光灯。但我的家伙都已经收起来了，可没精力再来一次。幸运的是，我从文件夹里找到了其中的一段包含眼睛的可用连拍，堆叠出一个可靠的局部画面。

　　青蜂的复眼并不像多数昆虫那样是一个球面，而是略微扁平。纯黑色的六边形小眼形成的规则纹理像极了音响的喇叭。再加上头部三颗按钮一样的单眼，这是一个真正的"蓝"牙音箱。

　　而它几丁质外壳上的大型刻点如陨石坑一般重叠交错，所形成的三

维结构极大增强了外骨骼的坚韧程度。青蜂的身体像一块来自外太空的珍稀金属，在茫茫旅程中经历了各种星际物质碎片的千锤百炼，带着全宇宙所有的璀璨，降临到我们这颗蓝色星球上。

玻璃罩里的青蜂是个很好的玩伴。它每天有12小时以上的睡眠时间，我会趁这段时间揭开罩子，在白色卡扣上添加糖水。实际上由于我一开始配的糖水过于浓稠，后面只需要补充清水让它保持液态即可。白天青蜂醒来，就在水晶球里探索、发呆、喝糖水、午睡，并保持运动量。

观察这一切是一个很解压、很治愈的过程。我们把野外的昆虫带回家，进行近距离、全天候的观察，或许能收获知识，或许能得到愉悦，或许能产生心灵上的慰藉，甚至共情。总之，绝不会一无所获。

我因为阴差阳错，一步步给青蜂打造了一个生活空间，让它形成了一种生活方式。这种生活方式，一方面很像一些玄幻作品里主角的某一个仙体或元神所居住的地方，云海遮住了地平线上的所有细节，仅能看到一棵仙树，元神在树下悉心悟道。我特意选取的干枝虽然已经没有生命气息，但它在我眼里却是永恒的象征，即已抵达最终稳态，再也不会更加枯萎或黯淡。

　　另一方面，这个场景又很像科幻作品里的微型太空舱，能让船员打发星际旅行中非冷冻期的无聊时间，拥有最基础的生存资料并满足精神需求，同时保持适应性训练。

　　两种风格截然不同的设定出现在这个小小的玻璃罩里面，好像青蜂有了不同的虫生体验，甚至里面时间的流逝速度都不一样。玻璃罩外的凡人忽然嫉妒起它来，以至于这个凡人用一下午的时间绘制了一个精确的剖面示意图，以便留下一个永恒的作品，让这段回忆不会随着青蜂几天后向自然的回归而消失；另外，在四个小时的绘图过程中，我的元神仿佛也钻了进去，仔细触摸里面的一切，同青蜂嬉戏，试着体验极乐世界的须臾千年。

后 记

　　2004年夏天，我在济南中山公园，看到积水中有一只斑衣蜡蝉的末龄若虫在挣扎。通过别人的照片，我对它已经十分熟悉，但第一次肉眼感受那么艳丽的红色，我仍然感到震撼。对于是否将它救起，我忽然感到犹豫。救它，它是害虫；不救，它是生命。

　　2005年深秋，在杭州下沙，我面对一只羽化后不能脱困的瓢虫陷入纠结。它的前足离地面只差几毫米，我只要轻轻托一下，它就可以把自己从蛹壳里拔出来。毫无疑问，瓢虫是益虫。但我苦恼的是，作为观察者，我是否要改变一个现场。

　　接下来的近10年，我奉行绝对旁观主义。即我的观察对象的命运甚至生活都不应该因为我的观察而改变，我应如一缕清风拂过。我拍摄一只虫子，它爬到了叶子背面，我即停止拍摄。虽然伸手把那片叶子或者那个枝头扭转过来轻而易举，但这已经算是一种接触式介入，它违背了我确立的原则。当时，对同行的伙伴直接把叶子摘下来放到稳固的石头上拍摄这种行为，我内心怀有深深的敌意。

接下来，我的原则不可避免地逐步松动。我不仅是一个自娱自乐的观察者，我还想做一个昆虫知识的分享者，仅靠观察能够得出的结论非常有限。2016年，我对柳丽细蛾的漂亮小粽子的构筑方式做了两次推测。一个月后我剥开粽子，发现前面都猜错了。有时候想要知道昆虫的确切身份，大多数种类仅凭照片是不够的。我把一些样本浸在高浓度酒精里，寄往全国的高校，这同时也是为科学研究所做的微不足道的贡献。

每个人都有不同的生态观，而且生态观永远处在演化的道路上。切不可因为观点不同而相互诘责，因为很有可能，你只是在攻击你的未来观点。生态系统的稳定建立在生物多样性的基础之上，而观点多样性对社会进步同等重要。

对我缺乏了解的人，以为我家里充斥着昆虫标本和各种正在喂养的活虫，其实不然。我正式饲喂过的昆虫不超过10只，而且大多数是为了和女儿一起观察。我从2019年开始尝试非针插昆虫标本，4年来一共做了20来只，都是中小型昆虫。它们在几个叠放的培养皿里，占据的总空间不超过一个易拉罐，而且藏在书柜的暗格里。来访的朋友所能找到的我跟昆虫的唯一关联，只有满架的藏书。

最好的东西放在自己的脑子里才最安心。

图书在版编目(CIP)数据

追随昆虫. 2,暗夜舞台与迷雾中的推理/杨小峰著. —
北京:商务印书馆,2023
(自然感悟)
ISBN 978 - 7 - 100 - 22832 - 9

Ⅰ.①追⋯　Ⅱ.①杨⋯　Ⅲ.①昆虫学—普及读物
Ⅳ.①Q96 - 49

中国国家版本馆 CIP 数据核字(2023)第 156135 号

追随昆虫 2
暗夜舞台与迷雾中的推理
杨小峰　著

商 务 印 书 馆 出 版
(北京王府井大街 36 号　邮政编码 100710)
商 务 印 书 馆 发 行
北京雅昌艺术印刷有限公司印刷
ISBN 978 - 7 - 100 - 22832 - 9

2023 年 9 月第 1 版　　开本 880×1230　1/32
2023 年 9 月北京第 1 次印刷　印张 10⅜
定价:88.00 元